动物知识小百科

许夏华　主编

希望出版社

图书在版编目（CIP）数据

动物知识小百科／许夏华主编. — 太原：希望出版社，
2011. 2

（自然科技知识小百科）

ISBN 978 - 7 - 5379 - 4979 - 8

Ⅰ. ①动… Ⅱ. ①许… Ⅲ. ①动物 - 普及读物
Ⅳ. ①Q95 - 49

中国版本图书馆 CIP 数据核字（2011）第 014541 号

责任编辑：段晓楠
复　　审：谢琛香
终　　审：杨建云

动物知识小百科

许夏华　主编

出　　版	希望出版社	
地　　址	太原市建设南路 15 号	
邮　　编	030012	
印　　刷	合肥瑞丰印务有限公司	
开　　本	787×1092　1/16	
版　　次	2011 年 2 月第 1 版	
印　　次	2023 年 1 月第 2 次印刷	
印　　张	10.5	
书　　号	ISBN 978 - 7 - 5379 - 4979 - 8	
定　　价	45.00 元	

目　录

第一章　地球漫溯——动物起源

第一节　一元复始——生物进化

1. 根的故事——生命的起源

　　地球上存在着形形色色、种类繁多的生物。有人估计,植物有 30 多万种,动物有 150 多万种,微生物有 10 多万种。但是地球上还有不少地区,诸如严寒的极地和高山、热带的丛林、荒芜的沙漠、较深的海洋,其生物调查还很不全面。随着生物学的发展,逐年都有新种发现。这么丰富多彩的生物是怎样起源的呢? 关于这个问题,有主张一切生物来自神创的"神创论";有认为生物是由某种"活力"的激发而产生于死物的"活力论"或"自生论";有提倡"一切生命来自生命",认为地球上的生命是宇宙空间其他天体飞来的"宇宙生命论";还有坚持生物只能由同类生物产生的"生源论"等等。可是随着辩证唯物主义宇宙观的发展和自然科学的进步,实践和理论都已证明了这些观点的误谬,并对它们进行了批判。

　　恩格斯曾经提出:"生命的起源必然是通过化学的途径实现的。"我们已知道化学分无机化学和有机化学两种,生命是有机质,必然是通过有机化学实现的。目前,探索生命起源的科学家们通过生物学、古生物学、古生物化学、化学、物理学、地质学和天文学等方面的综合研究,证明了恩格斯这一预见的正确性。大量研究成果说明,生命是由无机物经历了漫长时间而发展产生的。自从生命在地球上出现了以后,又经历了几十亿年的时间,才由生命逐渐发展成为生物界。生物界发展的历史是与地球发展的历史密切相关、不可分割的。

　　宇宙大爆炸产生了宇宙后,银河系、太阳系、地球相继形成。当地球这个星体稳定后渐渐冷却,地表开始划分出了岩石圈、水圈和大气圈。那时大气圈中没有氧气,宇宙紫外线辐射是产生化学作用的主要能源,化学反应就在这样的条件下不断地进行着。由于缺氧,合成的有机分子不会遭受氧化的破坏,得以

进化出具有生命现象的物质,最终产生了生命。生命的产生过程可以概括为四个阶段:

(1)原始海洋中的氮、氢、氨、一氧化碳、二氧化碳、硫化氢、氯化氢和水等无机物,在紫外线、电离辐射、高温、高压等一定条件影响和作用下,形成了氨基酸、核苷酸及单糖等有机化合物。科学家们所做的模拟试验也表明,无机物在合适条件下能够变成有机物。

(2)氨基酸、核苷酸等有机物在原始海洋中聚合成复杂的有机物,如甘氨酸、蛋白质及核酸等,被称为"生物大分子"。

(3)许多生物大分子聚集、浓缩形成以蛋白质和核酸为基础的多分子体系,它既能从周围环境中吸取营养,又能将废物排出体系,这就构成原始的物质交换活动。

(4)在多分子体系的界膜内,蛋白质与核酸的长期作用,终于将物质交换活动演变成新陈代谢作用并能够进行自身繁殖,这是生命起源中最复杂的最有决定意义的阶段。技术改造构成的生命体,被称为"原生体"。这种原生体的出现使地球上产生了生命,把地球的历史从化学进化阶段推向了生物进化阶段,对于生物界来说更是开天辟地的第一件大事,没有这件大事,就不可能有生物界。

但值得一提的是,有生命的原生体是一种非细胞的生命物质,有些类似于现代的病毒。它出现以后,随着地球的发展而逐步复杂化和完善化,演变成为具有较完备的生命特征的细胞,到此时才产生了原核单细胞生物。最早的原核单细胞细菌化石发现是在距今 32 亿年前的地层中,那就是说非细胞生命物质出现的时间,还要远远地早于 32 亿年以前。

单细胞的出现,使生物界的进化从微生物阶段发展到了细胞进化阶段,这样,生物的演化过程又登上了一个新台阶。在此基础上演化就分成了两支,分别朝着植物和动物方向发展。32 亿年以后,几百万种形态各异的、但均以细胞为基础单位的生物就充满在地球的海、陆、空领域之中了。

2.优胜劣汰——生物学中的重要定律

生物学领域中,一些为人所熟知的重要定律,如重演律、进化不可逆性、器官相关律及威廉斯登法则等在古脊椎动物学的研究中起着重要的作用。这里着重谈一谈进化不可逆性和威廉斯登法则。

生命的历史是一部物种新陈代谢的历史。地球上现在的物种都是地质历史上生存过的物种后代。过去的物种被现在的物种所代替,现在的物种又被将来的物种所代替,新的不断兴起,旧的逐渐灭亡,已经演变的物种不可能回复祖型,已经灭亡的物种不可能重新出现,这就是进化的不可逆性。从对化石的研究发现,生物某种器官一经演变就不可能在其后代身上恢复原状,一经退化消失也再不会在其后代身上重现。以马为例,始新世的马前肢四趾、后足三趾,渐新世和中新世的马前肢三趾,上新世和现代马仅剩一趾,其已经退化的足趾决不会恢复原状。类似的例子还有很多,如古生代的三叶虫、笔石,中生代的恐龙,它们既然已绝灭了就不会再出现了。地史上每次大灾难之后,残余的生物都是在原有基础上发展起来的,而决不会通到生命的初期重新开始。专家们正是总结了生物进化中的这些实际例子,归纳出了这条定律。

脊椎动物在进化发展中,也是由低等向高等、身体器官从简单至复杂、神经系统日趋完善演变的,但唯有骨的数量是从多到少、从复杂到简单的。这种现象不但表现在从低等门类到高等门类,就是在同一门类中比较原始与进步种类之间也是普遍存在的,在脊椎动物头骨骨片数目的变化上尤为显著。如原始硬骨鱼类的头骨骨片有 180 多块,较进步的硬骨鱼有 100 多片。

脊椎动物越进化,其骨骼数量就越少,这一规律就是威廉斯登法则。为什么动物身上会出现这种现象呢?

脊椎动物进化初期,身体各器官的功能很差,需要有硬体的支撑,哪里需要就在哪里长出一块骨片来,甚至在皮肤表面也长出骨板或骨质鳞片,这种多的骨片显出了消极的一面:身体行动迟缓,还妨碍了其他系统的发展。随着不断的进化,动物各器官功能趋于完善,有些不需要骨骼支撑,有些游离骨片向脊椎骨靠拢固定。途中连接了其他骨头,数量从几根减少到一根,头部过去有很多的骨片但保护作用相似,逐渐就减少为几大块,还愈合成颅腔(在哺乳动物的头颅上能看到几条锯齿状的接触线,这就是骨片的愈合线),增加了牢固性和稳定性。这样一来减少了骨头的体积,肌肉附着在为数不多的骨头上,定向收缩力增强,神经网络也清晰了;颅腔扩大、脑量增加(动物进化关键的一点就是神经系统的进化,从鱼类开始出现头后,头与身体的比例在进化中就逐渐加大)、反应快速、行动敏捷,更有利于生存。会不会因骨骼减少而对身体的保护性降低?以恐龙和牛为例,同样都食植物,甲龙、剑龙等的自卫武器是全身披鳞挂甲,这身盔甲使它们行动不便,只起消极防御的作用,仍抵挡不住霸王龙的袭击;而牛的自卫武器是牛角,比盔甲轻得多,行动自然灵活,遇见敌人常采取主动进攻。历史上就有不少农家牛勇斗虎豹保护主人的故事。因此骨骼的减少只会给动物带来进步,这也是被实践证明了的。

3.历史见证——化石

青少年朋友们去自然博物馆参观,讲解员总是告诉大家,在人类还未诞生之前,地球上存在过什么动物、植物,它们是如何生活的,它们的形状是什么样子,它们是生活在什么环境中的……这些死去的生物被他们讲得活灵活现,就仿佛是他们亲眼看到似的。他们是怎么知道地球上曾存在过这一天的呢? 是根据化石。那么化石是什么呢?

简单地说,化石是动物、植物死亡后被埋藏于地下,经过地质作用所变成的石头。但这些石头保留了动物、植物的形状特征。古生物学家们便是根据这些特征,确定出它们是何种动物或植物。若是动物,则还要运用解剖学的原理,勾画出它们的骨骼,补充上它们的肌肉和皮肤,从而画出它们的体形图或雕塑出模型。

在地球历史中存在过的生物之所以能够保存成为化石,要有生物本身和地质环境双方面的条件。首先,生物本身必须具有一定的硬体,如无脊椎动物中各种贝壳、脊椎动物的骨骼等。它们是由无机物组成的硬体,与皮肉、内脏等软组织相比,不易遭受氧化或腐烂而消失,因此成为化石的可能性较大。而那些软组织易遭受氧化和腐烂,成为化石的可能性就小得多,这就是为什么大多数化石是骨骼和贝壳的原因。第二个条件是生物死后要有它们被迅速埋葬起来的地质环境。如海洋和湖泊中,泥沙沉积迅速的地方,生物保存为化石的机会就多,否则即使生物有硬体,如果死后长期暴露在地表或泡于水中不被泥沙所掩埋,也会被风化作用破坏或其他动物吞食,不能形成化石。另外还需要指出的是,一些无机物的形态类似生物形状(如海底锰结核、树枝状痕迹等),但它们并不是化石,因为它们不是生物;而现在才被泥沙埋藏的生物遗体,如动物,即便皮肉烂掉,仅有白色的骨头,也不能称为化石,必须经过沉积物形成岩石的过程,使骨头也变得坚硬如石,才能叫化石,而这一过程需要极其漫长的时间。

从以上可以看出化石的形成、保存需要种种条件。各时代的古生物只能有一小部分由于条件适宜而成为化石。考虑到成为化石期间遭受的种种破坏作用及现在还没有发现的化石,已收集到的化石仅占当时古生物数量的很少一部分。它们对古生物的记录是很不连贯、很不完整的,致使有些生物绝灭之谜直到现在我们还是不清楚的。

化石有不同类型,这是由于埋藏环境不同而形成的,大致可以分为四种:实体化石、模铸化石、遗迹化石和化学化石。

实体化石,遗体本身全部或部分保存下来,在特殊的环境中避免了氧化和腐烂,如西伯利亚冻土层的猛犸象、波兰斯大卢尼沥青湖里的披毛犀、我国抚顺煤田中包含完整昆虫的琥珀等。但这类实体化石并不多见,绝大多数生物仅能保存硬体部分,而这一部分也要经过石化才能形成化石。石化作用有:

矿物质填充,无脊椎动物硬体结构中多少都留有空隙,当硬体掩埋日久,空隙往往被地下水中的矿物质(主要是碳酸钙)填充,变成致密坚实的实体化石;脊椎动物骨骼,其髓质消失留下的中空部分同样易受矿物质填充而增加了重量,这也是中药店收购龙骨时,鉴别是龙骨还是骨头的一种方法。

交替作用,在石化过程中,原来硬体的物质成分被地下水溶解带走,而水中的矿物质沉淀在被溶解的孔洞中。若是沉淀与溶解速度相等,就能保存原来硬体的微细结构。如硅化石,大家都能在硅化石上看到年轮和细胞的轮廓。

升溜作用,生物被埋藏后,体内不稳定的成分经分解、挥发,消失了,仅留下了稳定的成分,形成薄膜保存下来。如树叶,主要成分是碳水化合物,经过升溜作用,氢、氧全都跑了,仅剩下碳,形成了碳质薄膜。

模铸化石是生物遗体在围岩中留下的印模和复铸物。生物往往遭受破坏,但这种印迹却反映出了该生物体的主要特征,最常见的是植物叶子的印痕。有时带硬壳的动物死后壳体张开,泥沙充填进去,在固结成岩后地下水又把壳体溶解,在围岩与壳外表面的接触面上留下外模,在泥沙与壳内表面的接触面上留下了内模。如果壳体张开不大,基本保持原状,那么充填进去的泥沙成岩后就称为内核;若是动物死后壳体不张开,当贝壳溶解后就留下一个与壳同形等大的空洞,此空洞如再经充填,所形成的核则称为外核。

遗迹化石是生物活动时留下的痕迹和遗物。遗迹化石中最重要的是足迹。从足迹的大小、深浅及排列情况,可以推测该动物身体的轻重,行走时是缓步、疾驰还是跳跃,足迹是爪形还是蹄形,进而推知该动物是肉食型还是植食型。例如:发现地上有两排足迹化石,一排小有蹄,一排大有爪,行距由远而近,步幅由小变大,经过一段混乱后脚印又出现了,但只有一排大有爪的足迹。这串系列脚印所表现出的含意,是大家都会看明白的。

属于遗物方面的化石是指动物的蛋化石和便化石。我国河南省西峡县发现的恐龙蛋化石称得上是世界奇迹。成窝的恐龙蛋分布在 20 平方千米范围内,颜色不同,大小不等,形状也不一样,对研究恐龙当时的生活形态有着重要的意义。粪便化石中鱼类化石比较常见,可以根据形状、大小来分析,如螺旋状的粪便化石就可能是具有螺旋瓣肠道的鱼类排泄的。

化学化石是有些生物的遗体虽然不能保存下来,但有机体分解后形成的各种有机质如氨基酸、脂肪酸等仍可保留在地层中。它所具有的化学分子结构足以证明过去生物存在过。国外的专家们曾对3亿年前的鱼类、1亿多年前的恐龙化石做过化学分析,得到了7种氨基酸。我国在1994年从河南省西峡县恐龙蛋化石群中,在一个软蛋化石中也提取出了动物的RNA和DNA(核糖核酸和脱氧核糖核酸)。因此通过对化学化石的研究,对探明地球上生命起源和阐明生物的发展史有着重要的作用。

青少年朋友们,现在你们明白自然博物馆中那些复原图及雕塑是怎么来的了吧?对,是通过化石复制出来的,是化石使我们看到了史前一个个鲜活的面孔(身影)。

4. 纲举目张——生物的分类法则

世界上生存着形形色色、千差万别的生物。为了系统研究这么多的生物,有必要对它们做分门别类的整理归纳,分类学便是做这方面研究的。现在一般将生物界划分为两大类,即动物界和植物界。也有人提出可划分得再细一些,把生物界分为原核生物界,如蓝绿藻、细菌等;原生生物界;植物界;真菌界;动物界。这样划分的依据是,微生物既不算动物也不算植物,应单独提出,有些原始生物的个体既表现有植物性特征又存在动物性特征,应属于原生生物界,但这个分法还没有得到生物工作者的公认,还有待于进一步完善。

不管按哪种分类法则,每一界最大分类单元(位)是门,门以下依次为纲、目、科、属、种等单位。除这些主要分类单位外还有各种辅助单位,如亚门、亚纲、亚目、亚科、亚属、亚种,超科、超目、超纲、超门等。这种生物分类的级别,古生物学上同样适用。

种(物种)是古今生物分类的基础单位,不是人们任意规定的单位,而是生物进化发展过程中客观存在的一个阶段。种通过种群表现出来,它包括这样几个内容:物种是大量个体组成的,它们都有共同的起源;它们都分布在一定的区域内,适应特定的生态环境;具有共同的形态特征;彼此能够繁殖后代。因此,同种生物能够独立地保持自己的特征并繁衍下去。

亚种是次于种的种级分类单位,也是生物分类中的最低分类单位。同一个种的相同个体因地理相隔距离较远,日久天长就会出现某些显著差异,这便形成了亚种,长期分化下去,进而导致生殖隔离,最后发展为新种。

需要提出的是,人们往往容易混淆种与亚种之间的界线,经常把亚种的界线作为种的界线来划分。举一个简单的例子:在自然界中人类仅有一个"人"种,与人亲缘关系最近的动物是猿科的 4 个种类人猿;人种之下分出的白种人、黄种人、黑种人和棕种人等,是由地理环境不同而产生的亚种。同样的道理,一种动物叫什么名字,这就是它的种名,在名字前面加的地方名称均为亚种,如"马"的种类,蒙古马、阿拉伯马、伊犁马等仅是不同的亚种。同学们应该记住一条,即人为驯养的动物绝大多数都分化成了亚种,一般到不了种的级别,只有一个例外,那就是骡子。它是马种和驴种杂交产生的,由于父系与母系血缘关系较远,使它也受到影响,细胞内染色体不成对,无法复制,丧失了生殖能力。有些种比较小,彼此血缘关系较近,不同种的动物杂交也能产下后代并具生殖能力,但人为的因素很大。国外曾报道一家动物园让狮虎交配,生下了一只雌性虎狮;虎豹交配,产下了一头豹虎。这是动物界中的"两不像",完全是在特殊环境中产生的,没有太大意义,仅证实了不同种动物杂交也能生育的说法。

现在生物学分类中的最低分类单位只有地理亚种,而古生物学分类中除了地理亚种外还有年代亚种,后者是指同一种类在不同年代分布上其形态特征显示出来的不同,即过渡种类在不同阶段的差异。

属是种的综合,它包括同源性及形态、构造、生理特征近似的种。仍以马为例,除了人类驯养的马之外,还有野马种。它们均在马属之下,都有共同的祖先;它们有相近的潜在性能,即野马通过驯化也可转化为家马;它们的生殖器官具有极大的相似性。古代人就曾利用这点,让母家马与野公马交配,使自己获得千里良驹。那是在河西走廊地区,人们捕不住野马,但知道野马在冬季会进山过冬,于是便将母家马在冬季赶入山中,使它们与野马相处,第二年春暖花开,野马走了,母家马回到了主人家,当年就能产下小马驹。正所谓西域出良驹。

从属开始,生物的划分就掺入了人为的成分,意见往往不能统一。属以上的等级人为因素更多,就更没有被同行认可的定义了。

第二节 大千世界——动物演化过程

1.不相为谋——动植物的分化

植物和动物差别很大,植物是固定生长,而动物可四处活动;植物可利用阳光进行光合作用,制造养料,而动物不能制造养料,只能耗费养料;两者从细胞上分,植物细胞有壁,动物细胞没有壁;动物出现要比植物晚,因为动物是吃植物的,同时它呼出二氧化碳,吸入氧气,而没有植物,就没有氧气,没有食物,动物也就不会出现。但植物又是怎样出现的呢?

地球上最早出现的原核生物——单细胞的细菌以周围环境的有机质为养料,是异养生物。但原始海洋中由化学反应产生的有机质有限,当消费与生产达到平衡时,异养生物缺乏养料,就很难发展下去。于是由于高度的变异潜能,原核生物演化出具有叶绿素的蓝藻,它能够进行光合作用,把无机物合成有机的养料,生物学把它称为自养生物。自养蓝藻所合成的有机质,除供本身营养外,还能供应异养细菌;异养细菌除从蓝藻取得食物供应外,还把有机质分解为无机物,为蓝藻提供原料。因此在生态学中,称蓝藻为合成者,细菌为分解者。自养蓝藻的出现使早期生物界具备了自养和异养、合成和分解两个环节,形成了菌藻生态体系,也叫两极生态体系,解决了营养问题,突破了环境限制,在原始海洋中获得了更广泛的发展。两极生态体系形成之后,经过了很长一段时间,在17亿年前,随着真核细胞生物的出现,生物界开始了动植物的分化。动物的出现形成了一个三极生态体系。所谓"三极"指的是:

绿色植物 进行光合作用制造养料,自养并供给其他生物,称为自然界的生产者。

细菌和真菌 以绿色植物合成的有机质为养料,同时通过其生活活动分解出大量二氧化碳及氮、硫、磷等,为绿色植物生产养料提供原料,称为自然界的分解者。

动物 以植物和其他动物为食,是自然界的消耗者。

由此可见,真核细胞生物的出现,是动植物分化的开始。在这个时期,动植物门类中所产生的都是一些最低等、最原始的生物,它们之间尽管大体能区分开,但彼此多多少少都有一些对方的特征。强甲藻,虽已有细胞壁(这是植物的特征),但却仍有自主的运动器官——鞭毛。一条纵鞭毛,一条横鞭毛,可任意选择运动方向,被称为运动性的单细胞植物。眼虫,能够自由活动,是一种单细胞的原生动物,虽无细胞壁,可它细胞质内却含有叶绿素,在阳光下和植物一样可进行光合作用,自己制造食物。它们都不太符合动植物的定义。其实,定义是根据大部分动植物的特征制定出的,生物等级越高,其特征越明显;而低等原始生物,本身就结构简单、功能不全,为了生存,其方式自然是五花八门的。定义是对某一范畴中的事物的高度概括,极少数范畴中的事物违反了定义也并不奇怪,只要它总体上符合定义就可以了。

在生物进化的道路上出现了某些萌芽:过去的动物,或是吃植物,或是吃动物,界线分明,而第四纪后出现了一类杂食动物,它们既吃植物又吃动物,如大熊猫(竹源不足时也吃动物)、野猪、熊等。

现在有的科学家正在研究"植物人",这不是医院里所指的那种大脑皮质丧失活动能力,完全没有知觉的人,而是指如何让人类从异养性(由外界供给养料)变成自养性,即利用光合作用自己产生养料,自给自足。他们认为,地球上的资源总有耗尽的一天,到那时人的生活方式就要改变,与其等到那时才被迫改变,不如现在就研究如何改变。我们拭目以待吧!

2. 形单影只——单细胞动物

当生命进化到真核细胞以后,便有了动物和植物之分。最早的动物叫原生动物,是最低等的一类动物,它的个体是由单个细胞构成的。这是一个完整的生命活动体,拥有动物应具备的主要生活机能,如新陈代谢、刺激感应、运动和繁殖等。它的体内有了原始的分化,各具一定功能,形成了类器官。原生动物身体微小,需要在显微镜下才能看到。本门动物既有绝灭的,也有存活下来的;既可以生活在水里、土壤里,也可以寄生在动植物身体里。根据运动"器官"的有无,本门动物一般可以划分为肉鞭动物亚门、盘蜷动物亚门、顶复动物亚门、微孢子虫亚门、囊孢子虫亚门、粘体动物亚门和纤毛虫亚门。让我们看看其中几个代表性动物:

眼虫 身体呈梭形,前端有一根鞭毛,靠其搅动能在水中游动。它最明显的特征是有一个能感光的眼点,故名"眼虫"。它有两种生活方式:一种是寻找泥里的有机物为食;另一种依靠自己体内的叶绿素,和植物一样可进行光合作用为自己制造食物。后一种生活方式说明在原始最低等动物中,动植物之间的界线还并不明显。

有孔虫　能够分泌钙质或硅质形成外壳。壳口伸出许多丝状的肉足,生物学上称为伪足。当触到一块食物,伪足就包围住送进"口"吃掉。伪足还能排出废物,使虫体移动。有孔虫通常有两种生殖方式,在发育过程中,无性生殖和有性生殖交替进行。无性生殖是由成熟的裂殖体向外放出大量的配子母体,配子母体成熟后又大量放出带鞭毛能游动的配子,两个配子形成合子就是有性生殖,合子再发育长大成为新的裂殖体。

有孔虫在地史时期中出现过几次繁盛期,尤其在白垩纪时出现了特殊种类(如能游的有孔虫),成为地质学家们划分、对比白垩纪海相地层的重要依据。白垩纪时有孔虫的数量也是极大的,甚至在白垩纪形成的岩石中都占有很高的比率,专家们管这种有大量生物参与形成的岩石叫生物礁。

纺锤虫　一种已经绝灭的动物,生活在大约100米深的热带或亚热带海底。它有钙质壳,壳体随着虫子的长大不断增大,并随着它的演化而不断变化。从发现的化石来看,最小的不足1毫米,而大者可达到20~30毫米。它最早出现在早石炭世晚期,早二叠世时极盛,不仅数量繁多且种类丰富,构造也变得复杂,但到了二叠纪末就全部绝灭了。此类动物存在时间短,演化迅速,地理分布十分广泛,更因其体形小,在二叠纪地层划分上已成为十分重要的化石门类。

以上几种化石因体形微小,在化石界中被称为微体化石。遥想那时的年代,它们从细菌"手"中接了生命的"接力棒",经过漫长岁月"传"给了多细胞动物后仍不愿离去,又"护送"到了古生代,有的种类还一直"护送"到现代,似乎担心进化中断,实际上,它们是一直在作鱼虾的食物。

单细胞动物称之为原生动物,意思是它们生来就具备各部分分化和必要的生活机能。生命进行到多细胞动物就称为后生动物,指的是卵细胞要经过胚胎发育、变形阶段才能出生的动物。后生动物范围很广,包括二胚层动物、三胚层动物、原口动物、后口动物……在本书中,都将一一讲到。

3. 精诚团结——多细胞动物

最原始的多细胞动物是二胚层动物,即它们身体是由两层细胞组成的,一是表皮细胞层,二是襟细胞层(它位于体壁内面),两层细胞之间填以胶状物质,称中胶层。这类动物分为三个门,即海绵动物门、古杯动物门和腔肠动物门。下面简单介绍一下各门的特征及所属的化石代表。

海绵动物　最原始的后生动物,体形多样,呈块状、瓶状、管状等。它的体壁只有两层细胞,其中少数特化成孔细胞,中央有一小孔,称为"进水孔"。海绵动物由海绵丝或骨针支持,但只有骨针才能形成化石,有的地层中可以形成几厘米厚的海绵骨针灰岩,所以总的来说海绵动物造岩的能力很弱,这与它体内不保存无机质(如硅、钙等元素)有关。

古杯动物　是一种绝灭了的海底动物,形状如同酒杯,其生活方式和新陈代谢方式基本与海绵动物相同。它常常与灰质藻、蓝绿藻、三叶虫等共生在一起,最适合的生长环境是在水深 $20\sim30$ 米的海底。因它对生活环境要求很严,不能在海水浑浊的地方生长,故不用它作为划分、对比地层的标准化石。

腔肠动物　尽管它也是二胚层动物,但要比前两门动物高等,即具神经细胞、肌肉细胞、刺细胞和消化腔。身体多为辐射对称,在消化腔口处有一圈或多圈触手。本门动物出现至今,种类繁多,化石丰富,代表动物有我们大家熟悉的海葵和海蜇。本门动物的主要化石是珊瑚和层孔虫,珊瑚将专门列题讲述,这里先说说层孔虫。

层孔虫是海底生活的群体动物,生存于中奥陶世至中生代。它体中有钙质骨骼,呈球状、块状、层状等。由于它有不易分解腐烂的硬骨骼,并常与珊瑚、藻类等大量聚集在一起,有造礁作用。层孔虫礁石化化石代表着一种繁荣的海底动物生长环境,其化石丰富的地区,常能发现可供开采的石油。

从以上三门的动物特征上我们可以看出,尽管它们都是二胚层动物,但在进化上也有先进和落后之分,尤其是在胚胎发育中,海绵动物表现为小细胞内陷形成内层,大细胞留在外面形成外层细胞,这与其他多细胞动物胚胎发育恰好相反。以后出现的更高级的动物没有哪一类是由海绵动物门中分化出来的,说明这类动物在生物演化上是一个侧支,又称侧生动物。海绵动物不可能再进化了,古杯动物已绝灭,那么向后传递生命进化的接力棒就落在腔肠动物。它传递的速度很快,在奥陶纪时传给了三胚层动物,从那时起,生命进化又进入了一个新的阶段。

4. 群芳争艳——美丽的珊瑚

晶莹的海水覆盖着的海底,是令人神往的。耀眼夺目的珊瑚,繁花似锦,五彩缤纷,有的像披上露珠的树枝,有的像凌霜盛开的菊花……袅娜多姿,争芳斗艳。这些迷人的景色,赢得了人们的惊叹和赞美。人们喜爱珊瑚,尤其是红珊瑚,将它列入珍宝之一。清朝官员官服上的朝珠和官帽上的顶戴,就是用红珊瑚雕琢而成的。然而,珊瑚所蕴藏的科学启示,一直到最近几十年才被人们所领会。

珊瑚虫生活在热带海洋里,过单体或群体固着的生活。珊瑚虫(如常见的海葵),圆柱体状,一端固着于他物,另一端环绕中央的口孔,长有很多触手。珊瑚虫体的外层细胞能分泌出石灰质(碳酸钙)骨骼,分泌的快慢与太阳光强弱有关,白天分泌得多,夜晚分泌得少,甚至不分泌。季节的变化也影响着这种分泌的速度。这样,珊瑚虫在那昼夜交替、四季循环的漫长历史中,在自己的体壁上留下了一道道粗细不同的生长环纹。有人研究过,从一个最粗的(或最细的)环纹到相邻的另一个最粗的(或最细的)环纹之间,即相当于植物的一个年轮,有365条环纹,这个数目正好和一年的天数相等。

地史上泥盆纪时期是珊瑚繁衍的旺盛时期。专家们发现,该地质年代中的某些珊瑚化石表面上也布满环状细纹,粗细递增递减,交替出现,只是相邻两个最粗(或最细)的环纹之间的环纹数,不是365条,而是400条左右。珊瑚化石外表的这些特有环纹,就像是一种特殊的文字,告诉我们当时一年有400天左右。我们知道,如果地球绕太阳运动的轨道不变,那么它公转一周的时间就不大可能有变化,利用数学公式求出了泥盆纪时期一天不到22小时。更有趣的是,在泥盆纪以后的石炭纪,也找到过类似的珊瑚化石,每一年轮上的生长纹是385~390条。

所有的珊瑚都属于腔肠动物门珊瑚虫纲,它包括海葵、黑珊瑚、红珊瑚和已绝灭的四射珊瑚、床板珊瑚等。

在珊瑚化石中,四射珊瑚是重要的化石。由于它在地球上存在的时间短,内部结构变化很快并有阶段性,因此古生物学家利用它来作为古生代地层中的标准化石。四射珊瑚从产生到灭绝,骨骼发育很有规律,专家们主要从它的内骨骼演化上来划分时代。珊瑚虫分泌钙质除了形成外壁,还要形成内壁。内壁自下而上,从边缘往中心生长,专家们称它为隔壁,意思是它把体腔隔开了。早期的珊瑚壁单一仅一种,称为单带型,生活的时代为奥陶纪和志留纪;以后在隔壁之间又长出骨钙叫鳞板,这时的珊瑚化石就称双带型,出现在志留纪和泥盆纪;到了石炭纪和二叠纪时,内骨骼在体腔的中心部分彼此连接、膨大,形成了一根从下到上的柱子(叫中轴或中柱),这时它就变成了三带型。四射珊瑚对于确定古生代各个纪的时间上起着重要作用,研究它的专著也非常多。

5.多多益善——三胚层动物

　　动物在外壁和内壁细胞层之间又分化出一层细胞——中胚层,这样就形成了三胚层动物。不要小看中胚层的产生,它在动物发展史上是一次巨大的飞跃。中胚层为动物机体各组织器官的形成、分化和完备,提供了必要的物质基础。来源于它的肌肉组织强化了运动机能,使动物与环境的接触复杂化,由此促进了感觉器官、神经系统发育,提高了动物对刺激的反应和寻食的效率;高效率的觅食又使动物增加了营养,新陈代谢旺盛,排泄机能随之加强,这样"牵一发而动全身"使动物形态结构产生了强烈分化。同时,中胚层不仅有再生能力,而且能贮藏水分和营养物质,大大提高了动物对干旱和饥饿的适应力,为动物摆脱水中生活,进入陆地环境提供了必要的物质条件。

　　中胚层产生以后,动物的进化分成了两支,一支是原口动物,一支是后口动物。后口动物是进化的主线,从原始的后口动物中,发展出了神经系统获得充分发展的脊椎动物,最后又在脊椎动物中发展出了人类。原口是指细胞内陷形成体腔后留下的与外界相通的孔,这个孔以后就变成了动物的口;后口是在体腔形成的后期在原口相反的一端,由内外胚层相互紧贴最后穿成一孔,成为动物的口,原口则变成动物的肛门。

　　原口动物虽不是动物进化的主干,但它也分出了不少的门类,而且它们的总数是最多的。以陆地动物为例,除脊椎动物以外,其他动物都是原口动物。如大家熟悉的蟋蟀、蚯蚓、蜻蜓、蝉、蜘蛛等。

　　原口动物和后口动物尽管日后差别极大,但是仍然具有很多共同特征,同学们稍加留心就能发现,除了共同具有中胚层外,还有:

　　身体分节　仔细看看昆虫,它们的身体是由形状结构大体相同的体节组成,称同律分节,蚯蚓和蚕就是典型的代表。动物身体分节增加了灵活性,扩大了生活领域,加强了对环境的适应性。此外,同律分节又为后来进化的异律分节(身体分成头、胸、腹三部分)打下了基础。

　　雏形的附肢　在出现体节的同时,腹部皮肤突起形成疣足,其上有硬毛,每节一对,是运动器官,是附肢出现的最初形式。它是动物强化运动的产物,而产生后又加强了爬行和游泳功能,为扩大动物的生活领域提供了条件。

　　具有体腔　体腔是指消化道与体壁之间的腔,体腔中充满体腔液。体腔的出现使内脏器官处于一种相对稳定的环境中,并使它们具有运动的可能性(如肠子的蠕动、心脏的跳动等),因而大大加强了新陈代谢作用,是运动进化过程中的一大进步。体腔有原生体腔(段体腔)和真体腔(次生体腔)之分,中胚层与内胚层外壁之间没有膜的称原生体腔,有膜的称次生体腔。低等的原口动物具有原生体腔或根本没有体腔,高等的动物具有次生体腔。

在原口动物和后口动物分化过程中,还出现一类中间动物,它们某些特征像原口动物,如具有次生体腔、生殖细胞从体腔膜上产生,但体腔的形成方式却与后口动物相同。这说明在动物分化初期,还没有显示出优劣势的情况下,万物竞争,走哪条进化道路任意选择。这类过渡动物是苔藓动物和腕足动物。同学们对苔藓动物(形状似苔藓植物而得名)比较陌生,但对腕足动物会熟悉些,我们吃的淡菜(一种贝肉)、海豆芽是腕足动物。由于它们生活在水里,避免了陆地上过渡动物和侧生动物遭受的厄运,也使我们有机会品尝到了它们的美味。

6.节肢动物——三叶虫

三叶虫是一种2亿多年前就已绝灭了的动物,生活在古生代的海洋中,属节肢动物门,因种类繁多,特在门下单列成一纲。背壳纵分为一个中轴和两个肋叶三部分,横分为前、中、后三部分,故名"三叶虫"。三叶虫背上有背甲,其成分为磷酸钙和碳酸钙,质地坚硬,成为地史时期中最早大量形成化石的动物门类。个体一般长数厘米,小型的仅数毫米,最大的可达70厘米。我国曾在湖南省永顺县发现了长27厘米、宽18厘米的三叶虫,学名叫"铲头虫"。

三叶虫为雌雄异体,卵生,个体发育中要经过周期性的多次蜕壳。不同阶段脱落的壳体是研究个体发育的基本素材,对了解三叶虫一些器官的发育和成长、探索三叶虫的演化、解决分类问题都具有重要意义。三叶虫头部及尾部变化较大,类型非常多。在我国品种繁多的砚里,有一种叫"燕子石"的砚台,该种砚的砚池旁或砚盖上常有石化的无头"小燕子"张开翅膀、叉着尾巴,其实这就是一种三叶虫的尾部化石,因其形象像蝙蝠,故名"蝙蝠虫"。因在中国古代蝙蝠是不祥之物,而这种砚台又是呈送皇帝的贡品,所以采用"燕子"这个吉祥的名字。

三叶虫纲,下分7个目,绝大部分的种、属在世界的海相沉积岩(石灰岩)中都有发现,各国的专家对它进行研究,得出了几点共同的认识:它经常与海百合、珊瑚、腕足动物、头足动物等一起生活(共生),在发现它化石的同时同地,也发现了上述几种动物的化石；从它的体形上判断，它适于爬行，是海底生活（底栖）的动物，以原生动物、海绵、腔肠、腕足等动物的尸体，或海藻及其他细小的植物为食；它在进化的后期，由于海中出现了大量肉食动物（鹦鹉螺、原始鱼类等）直接威胁了它的生存，于是增大了尾甲，提高了游泳速度，同时头尾能够嵌合使整个身体蜷曲成球形，以保护柔软的腹部，并可迅速跌落或潜伏海底以逃避敌人的进攻。

在古生代的第一个纪——寒武纪早期，三叶虫的7个目就发现了4个，种类数量也很丰富，因此古生物学家和生物学家都认为三叶虫的远祖早在寒武纪前就已存在，并在前寒武纪后期分化出了许多支系，但它们都没有坚固的硬壳，故没有保存下化石。寒武纪是三叶虫发展的一个繁盛期。奥陶纪时，古老的种类绝灭了，新的种类兴起成为第二个繁盛期。从志留纪到二叠纪，由于肉食性动物大量繁盛，三叶虫急剧衰退，最终绝灭。

三叶虫演化的种类多，分布海域广，个体数量大，各属、目之间界线清楚并随年代依次出现，因此成为寒武纪时期全球性可对比的标准化石。我国是世界上产三叶虫最丰富的国家之一，研究时间早、程度深，仅寒武纪就划分出29个三叶虫生长带，为亚洲提供了标准地层剖面，并为世界性的生物地理区划分提供了重要的依据。

7. 门类丰富——脊索动物

脊索动物是动物界最高等的一类，也是种类相当丰富的一个门。它包括低等的脊索动物，如现代海洋中的文昌鱼、海鞘等，以及较高等的脊索动物，如鱼、蛙、龟、鸟、牛、猿猴、人类等。

本门动物最主要的特点是具有脊索。脊索是一条具弹性而不分节的白色轴索，起源于内胚层，起支持身体的作用。高等动物的脊索于胚胎发育中出现，到成体时，由周围结缔组织硬化而成的脊椎所代替。

在脊索的背侧有中枢神经系统，是中空的神经管，起源于外胚层。大多数脊索动物的神经管前部扩大成脑。在脊索的腹侧有消化道，它的前端两侧有左右成排的小孔与外界沟通，这些小孔称为鳃裂。水中生活的脊索动物终身保留鳃裂，陆地生活的脊索动物仅在胚胎期具有鳃裂，后来发展成肺呼吸。

脊索动物门根据其脊索、神经管鳃裂的特点以及形态特征，可分为四个亚门：半索动物亚门、尾索动物亚门、头索动物亚门和脊椎动物亚门。这四个亚门中仅有脊椎动物亚门是进化的主干,其余三个亚门是在向脊椎动物进化途中生出的旁支。

半索动物亚门 又称隐索动物,身体分为吻、颈和躯干三个部分。在吻部有一段类似脊索的构造。凭着这一小段"类脊索"便能判断它是由无脊索向有脊索转变的一种过渡型动物。这类动物全部是海生。现在还活着的动物代表有柱头虫,化石代表有笔石。

笔石是已经绝灭了的海生群体动物。由于它的化石印迹像描绘在岩石层面上的象形文字,故称此名。笔石分布广,除南极洲尚不清楚外,其他各洲均有发现。其地史分布自中寒武世至早石炭世,其中的正笔石在奥陶纪、志留纪达到极盛,且演化迅速,分布地广,绝灭也快,成为这两个纪的标准化石之一,其种、属可在世界范围内作地层对比工作。笔石群体的外形粗看起来像松折枝的化石,即使是专家,稍不留神也会认为是苔藓动物。确认笔石是半索动物,也还是近几十年才明确的。

尾索动物亚门 幼体呈蝌蚪状,尾部有脊索,但成年后尾部消失,钻进沙土里底栖生活,属海生单体。尾索动物比半索动物在脊索的长度上进化了一些,但不会游泳,不能主动觅食,只有斜插在沙滩中,等食物自动送上门来。海边渔民和海滨游泳池出售的海鞘,就是尾索动物的代表。

头索动物亚门 身体似鱼,头部分化不明显,终身都有一条纵贯全身的脊索,背侧有神经管,咽部具许多鳃裂。它的代表动物是文昌鱼。文昌鱼全身无骨,体长2~5厘米,生活在浅海地区,因最初是在我国海南省文昌县的沿海一带发现的,故称此名。文昌鱼数量最多的地方是在福建省沿海一带,渔民们经常捕食,其捕捉的方法也很特别。根据它遇惊而喜钻沙的特点,先趟水走几次,然后把沙子挖起堆成堆,再盛一桶(盆)海水,用瓢舀起一瓢沙,放在桶中慢慢澄,沙落鱼出,多的时候,一瓢中能澄出半瓢鱼。拿回家里用鸡蛋裹上下油锅炸,其味道鲜美无比,又无骨刺鲠喉,常是渔家用来招待客人的佳肴。但随着沿海工业的发展,近海污染严重,文昌鱼也几乎不见踪迹了。

半索动物、尾索动物和头索动物,尽管都算脊索动物门,但都是低级的,连头都没有,故统统称为原索动物或无头类。它们也是动物进化中的侧支,但真正代表进化方向的还是脊椎动物亚门。

8. 昨日重现——"活化石"矛尾鱼的发现

大家已经知道两栖类是由总鳍鱼类上陆进化而来的。总鳍鱼类下分两大分支,扇鳍鱼类上陆了,空棘鱼类却离不开水,始终没有上陆,矛尾鱼就是这个分支的代表。以前发现的矛尾鱼是生活在泥盆纪时期的化石,从地层的沉积环境上看是生活在淡水中的,后来在三叠纪地层中发现了它的化石,这时的沉积环境已是半咸水或海水了,表明它从湖泊中游到了河口处,而且仍在往海里迁移;再后来,中生代海相地层中就没再发现它的化石,专家们断定它已经绝灭了。

可是1938年12月22日,在非洲东南海岸,靠近一条小河河口的海中,当地渔民钓上来一条活的矛尾鱼,这条鱼一下子轰动了整个学术界,古生物学家和鱼类学家纷纷前去观看。可惜这条鱼出水仅活了3个小时,而且防腐不好已经烂掉了,仅剩下一张鱼皮。为了找到新的、更好的矛尾鱼,专家们在当地大搞宣传活动,画着矛尾鱼的招贴画送到了每条渔船上,以便引起渔民们的注意。可是这种鱼再也没有被发现。不过苍天终不负有心人,相隔14年以后,1952年12月20日夜,终于在马达加斯加西北方向的科摩罗群岛附近的海域里又捕到了第二条矛尾鱼。从捕获的情况来推测,矛尾鱼是生活在200~400米的深海里,体长1.2~1.8米,体重13~80千克,体形圆厚,腹部宽大,口中长着尖锐的牙齿。在解剖它的肠胃时发现有鱼的残骸,证明它是肉食性的鱼类。由于深水中比陆地上的压力大得多,它们出水后因不适应突然减压而很快死亡。从形态上看,化石中的古老种类和现今生存的种类差别不大,只是今天的矛尾鱼体形大,胸鳍更大些,内鼻孔没有了,气鳔只留下一点点痕迹,而早期空棘鱼类的气鳔因向肺演化曾是很大的,推测是因为后来长久地适应深海环境,压力大的结果,内鼻孔消失,鳔也逐渐变小了。

矛尾鱼的发现对我们究竟有什么启示呢?大家可以想想,一件化石和一个实体摆在我们面前哪一个更形象、更直观、更给人印象深刻呢?当然是后者。总鳍鱼的鳍中有中轴骨骼,末梢各小骨都依靠着中轴骨和身体互相连接,而现代鱼类鳍骨都与身体直接相接。总鳍鱼鳍内骨骼的排列方式和原始四足动物(原始两栖类)的四肢骨有些相似,因而人们推想:四足动物的四肢是总鳍鱼类的胸鳍和腹鳍演化而来的。它在水底可以用这种鳍支持自己的身体,若调整到合适的方位,还可以用这种鳍勉强地爬行几步。不过化石所提供的情况还不足以充分证实人们的推想。矛尾鱼的发现不但可以了解它各部分结构的功能,更可以在它们活着的时候来观察它们活动的情况。有人在观察第八条矛尾鱼时,证明了它的胸鳍几乎能做各个方向的转动和安置姿势,这就更有力地支持了鳍演化成四肢的推测是正确的。

9. 异想天开——要离开水的总鳍鱼

鱼儿离不开水,这是一般规律,但如果没有少数"异想天开"的鱼想离开水并成功地离开了水的话,那这个世界就永远只是鱼的世界了。

但是鱼要离开水必须具备条件,即外界生存环境和内部身体结构。在石炭纪时期陆地上植被茂盛,低地、沼泽中生长着大量的蕨类植物,其中树蕨径干可达半米,高有 15～25 米,形成了全球性的第一个造煤时代。植物的大量生长,改变了陆地原始荒凉的面貌,在湖边、河岸形成了气候潮湿带,同时稠密的树叶遮挡了阳光,减少了土壤中水分的蒸发,也为两栖类登陆后避免阳光直接照射提供了保护,还为它们准备了"粮食"。

从身体结构上看,要想登陆就必须解决两个关键问题,那就是呼吸和支撑。总鳍鱼类已进化出了一对内鼻孔,这就是由外鼻孔通往口腔的开口,表明鼻孔与大腔已经串通好了。以后的陆生动物口上面都有这对内鼻孔,空气由外鼻孔进去,经过嗅囊和内鼻孔进入口腔,再由气管进入肺部。内鼻孔的存在说明总鳍鱼已有"肺"的构造。"肺"是由鱼鳔演化来的,在鱼类鳔只起平衡作用,而在进步的鱼类中它有了新的用场。但是肺的进化相对比其他各部位慢。当两栖类已经出现在水陆之间时,它的肺仍不能独立承担呼吸的重任,幼年时在水中呼吸仍用鳃,成年后皮肤也帮助它呼吸。

总鳍鱼的胸鳍、腹鳍有很厚的皮肉,好像一个短柄的船桨,鳍中有一块中轴骨骼,其余的小骨都依靠中轴骨与身体相连,这样鳍在转动时就能够改变方向,起到支撑身体并爬行的作用。由于需要经常运用,鳍这附肢便进化得最快,在身体其他部分还很原始的情况下,就能将身体支撑起来,离开水上岸活动了。

以上讲述了鱼能够上岸和陆上物质基础这两方面的条件,可什么原因使总鳍鱼上岸呢? 难道真是它"异想天开"了? 当然不是,上岸是外界环境造成的,也可以说是被逼迫的。鳞亚目是两栖类的祖先,它们生活在淡水中,也就是河湖中。地质历史上河流、湖泊总是在变化的,例如河流改道,故道就形成了湖;河流除了向湖内注水外还注入泥沙,最终将湖填满形成沼泽;湖边的蕨类植物质地疏松,死亡后往往会倒进湖泊腐烂,使水浊化,氧气不足。在这些不利因素下,骨鳞鱼为生存就需要把头探出水面,利用简单的肺呼吸新鲜空气;当湖泊成为沼泽无法栖身时,需要靠鳍的支撑爬行到另外的水塘中去;在水中食物缺乏时,也要靠鳍爬上岸吃一些植物以活下去。由于不停地进行这种锻炼,终于发展成为能够自由上岸活动的动物,身体结构也发生了很大的变化。早期的两栖类体表原来的鳞片演化成骨甲或坚硬的皮膜,除防止水分过分蒸发外,还防止了身体在爬行过程中被碎石或树枝划破,以后进化的动物也都继承了这种保护性皮肤,并有了各种发展,如爬行类的鳞片和骨板、鸟类的羽毛、哺乳类的皮毛等。

两栖类虽然优于鱼类,但它还保留有很多的原始性。首先产卵仍然要在水中孵化,幼体出生后也要在水中生活一段时间,即便是成体也不能长期待在干燥无水的地方,不时地需要进水中湿润皮肤,而皮肤也只有在水中才能起呼吸作用,因此它们并不能算是真正的陆生动物,而是陆生与水生动物之间的过渡类型。

这类动物除我们现在所见到的青蛙、娃娃鱼外,其化石代表有虾蟆螈。它们主要繁盛在二叠纪和三叠纪,那时爬行类已开始出现,但还未在数量上占据优势。因此古生代末至中生代初这段时间乃是两栖类的天下。但好景不长,三叠纪时期爬行类比它们更适应陆地的优势渐渐表现出来,并在三叠纪末期取代了它们。两栖类在地史中仅繁盛了 8500 万年就退出了舞台,比鱼类要短得多。但它们的祖先,那些想上岸的鱼却终于实现了自己的愿望,并由此进化出了其统治中生代长达 1.7 亿年之久的爬行动物。

10. 黄粱一梦——鳄鱼的回忆

暮春四月的一天上午,动物园的一条鳄鱼刚刚饱餐了一顿便爬到外面去。外面阳光明媚,照在身上暖融融的,它舒服地张开了大嘴打了个饱嗝,趴在地上晒太阳。它双眼眯缝着注视前来观看的人群,心里愤愤不平地想:现在生活真不好,地方又小,不能四处走动,饭也不能放开肚子吃,还要被人类管得死死的。听我爷爷讲,它从它爷爷那里听到的,它爷爷又从……总之是我们鳄鱼祖祖辈辈流传下来的一个故事。

我们爬行动物是在地球陆地第一次出现的真正的陆生动物,我们的祖先是古生代末期从两栖类中分化出来的。中生代一开始,我们就在没有天敌的大地上四处漫游,大量繁殖后代,扩大地盘,把两栖类赶下了水,不许它们远离水边,否则就吃掉它们。它们竞争不过我们,我们的身体结构比它们强多了。首先,我们的脑量比它们大,智力要比它们发达,头上骨板愈合多,结构简单,行动方便,而且在头与胸部之间又长出了脖子,这样身体不动,头也能前后左右地转动。另外还有一些重要的进化,如我们皮肤角质化或鳞甲化,保护了体内的水分。从皮肤表面更新换代,呼吸全靠肺,完善了肺的功能。四肢各趾间不再有蹼,便于陆地行走,就连产卵也不用再回水里。我们的卵外面有一层钙质的硬壳,称为蛋,所包含的水分足够小生命需要,而且陆地比水中安全,下蛋后不用管,靠阳光就能使它们孵化出来,这样我们就彻底摆脱了水的束缚。我们的神经系统也比两栖类发达。负责四肢运动的脊椎神经(中枢神经)在腰部膨大形成一个神经节,能及时处理运动中出现的问题。我们的眼睛也进化了,长出了眼皮,具有湿润和保护眼球的双重功能。

我们在中生代是最进化的动物,是陆地的征服者和统治者。按照不同的生长习惯,我们辐射出了很多的种类,人类专家称其为辐射繁衍,并把我们划分出了 17 个目。现在是恐龙热,外行人以为中生代我们的祖先都是恐龙,其实错了。"恐龙"一词专门指两个目的爬行动物,它们是蜥臀目和鸟臀目,其他目中的动物尽管也可以叫××龙,但决不能称为恐龙。人类在研究恐龙时发现它能直立行走,不禁感到奇怪,一些人认为直立行走是哺乳类的标志,而我们的标志就是该爬着走。怎么会出现直立行走的爬行动物呢? 会不会是骨架安装的不对? 其实这道理很简单。要知道判断一种动物的分类决不能靠辅助的特征来判断,如果用"会说话"来定义成人的标志,那么八哥、鹦鹉也都是人了。哺乳动物与我们最本质的区别是胎生和哺乳,而我们的表兄——恐龙,不过是想改革一下身体结构,其本质并没有变。在我们发展的鼎盛时期——侏罗纪,一种不起眼的小动物出现了,它们大小如现代的老鼠,常被表兄弟们捕食,尽管那时不知它是什么动物,但对我们没有任何威胁。直到那次大灾难过后,它们的适应力强,一下子繁盛起来,把我们的地盘给夺走了,我们这时才知道它们的名字:哺乳动物。要是早知道它们会从我们手中夺取霸主的地位,当初就该把它们全吃光。

那次大灾难听起来真是万分可怕。一团大火伴随着巨大的响声从天而降,落地后发生了山崩地裂般的大爆炸,当时就炸死了我们一大批同类。爆炸引起的大火烧毁了森林,烤干了湖泊;树木燃烧冒出的浓烟、空气中的尘土和动物尸体烧焦后弥漫的气味,呛得祖先们喘不过气来。更可怕的是,大爆炸还诱发了地震,导致了火山喷发。岩浆溢出地面,一条条"火龙"四下奔流,摧毁、烧掉阻挡他们的一切物体,比霸王龙厉害万倍。天上又落石如雨,打在身上既痛又烫,又使不少的弟兄们受伤致死……可怕的灾难不知持续了多长时间,终于平静下来了,可一切都变了样:昔日晴朗的天空被烟尘染得黄黑;太阳不明亮了,用肉眼都可以直接看它;地面上大片森林消失,大批动物死亡,活着的又受到饥饿和疾病的折磨,常有同伴不断地倒下。可恨那些哺乳动物,此时变得机灵多了,想吃它们也困难多了,相反它们却以我们同伴的尸体和我们的蛋为食,竟大量地繁殖起来。森林毁了,空地上长出的那些草本植物也不符吃动物祖先们的胃口,几经折腾大伤了我们爬行动物家庭的元气,不但恐龙大哥们死光了,就连其他的表兄弟们也死得差不多了,大地上仅剩下我们鳄鱼、龟、蛇和蜥蜴这4个目了。每当说到这段痛苦的经历时,我的心就发疼,我的身体就发冷……嗯,不对! 怎么真的又冷又疼了,而且是疼在鼻子上?

鳄鱼睁开眼睛一看,原来它睡着了,太阳已经落山,难怪身上发冷。饲养员正用一根竹竿敲打它敏感的鼻子,嘴里喊着:"太阳都落山了,你怎么还不回屋去?"这条鳄鱼慢吞吞地掉转身体向笼舍爬去,边爬边想:看来还是待在这里好,吃喝不愁,虽然被人管着,但很安全。唉,知足吧……

11. 声名显赫——禽龙

禽龙在恐龙家族中是一批赫赫有名的成员。专家对它的印象就如同少年朋友们对霸王龙那样深刻。因为在恐龙化石中,人们最早发现的恐龙便是禽龙。但是,发现禽龙的人并不是一位专业人员,而是一位英国普通的乡村医生,叫曼特尔,他的业余爱好是采集化石。1822年,曼特尔夫妇发现了一种不寻常的牙齿和骨骼化石,他们把标本寄给法国古生物学家居维叶。居维叶认为发现的牙齿是大型哺乳动物的,可能是绝灭了的犀牛一类;而骨骼可能是一种河马化石,因而断定化石生存的年代不会太古老。曼特尔对居维叶的鉴定有怀疑,又把标本寄给英国古生物学家巴克兰。巴克兰听说居维叶已看过了,又从经验主义出发,便不假思索地同意了居维叶的鉴定。

但是小人物曼特尔并没有相信居维叶所作的鉴定,在无法得到专家帮助的情况下,他决心自己动手研究。他访问了许多有鉴定化石经验的人,并刻苦地查阅文献,对照了许多标本,经过三年多的学习和实践,终于从大量可靠的资料中得出结论,认为这不是任何哺乳动物的化石,而是一种年代久远、早已绝灭了的爬行动物,是过去从未发现过的,于是给它起名叫"禽龙"。后来,禽龙化石在英国、比利时等地大量发现,证实了曼特尔的正确。

让我们通过时间隧道走进中生代,来到热闹非凡的恐龙王国。我们找到了禽龙。它身躯高大,体形笨重,尾部粗而巨大,体长一般在10米左右,体重十几吨。它的前肢较短,但坚实有力,前肢有 5 个指头,末端无爪呈"人手状"。最特别的是,禽龙的大拇指变大而成为一副尖利的钉子般的装备,这是它们的自卫武器。可以想象,当它遇到想要吃它的霸王龙时,就用这种大而尖硬的"钉耙"去刺伤敌手。禽龙是形形色色鸟脚龙类中的一员,因为它们常用两脚行走,两腿直立的姿势和它们脚的三趾构造,与现代的鸟禽颇为相像,所以人们叫它"禽龙"。禽龙的后肢很长且粗壮有力,脚趾分节宽而浑厚。禽龙大部分时间靠后肢行走,但有时在茂密的丛林、湿热的沼泽或宁静的湖畔寻食、饮水、漫游时,也会用四足缓慢行走。遇见了霸王龙,它还是要用两只后脚逃命的,因为这样速度更快。它的"自卫武器"仅是在迫不得已、无路可逃时使用。

禽龙是由原始的鸟脚龙类进化来的,在体形上与弯龙极为相似,所以人们又称禽龙是"放大了的弯龙"。禽龙的头骨长而低平,鼻孔部位呈宽扁的喙状,并有一层角质覆盖,加上它们长在牙床上到一定时期自行替换的单排牙齿,就像一台食物磨碎机,把吃进口中的树叶、枝条磨碎咽下。鸟脚龙类的恐龙都是素食者,即吃植物的。禽龙生活的时代,气候炎热,森林繁茂,湖泊、沼泽星罗棋布,由此促进了它们向大型化发展。尽管它前肢上有"尖硬的钉子",但比起甲龙(身披铠甲)、三角龙(头上长有三只伸向前方的角)、剑龙(尾巴长刺)来,"自卫武器"太弱了,因此它还未到白垩纪的末期,就被霸王龙给绝灭了。

我国是世界上发现恐龙化石种类最多的国家之一,禽龙化石也有发现,但是有些曲折。1929 年,古生物学家杨钟健在陕西神木县首次发现了禽龙的脚印化石。它印在岩石上趾痕清晰,栩栩如生,是研究禽龙脚趾构造和形态的生动记录,是大自然为禽龙活动拍摄下来的特写镜头。当时专家们就预言:中国的地下埋有禽龙的化石。1937 年终于在内蒙古乌蒙地区发现了白垩纪时期的禽龙化石,为专业工作者了解和研究禽龙的形态增添了新的资料。禽龙是最早发现的恐龙之一,它的发现为探索爬行动物的进化揭开了新的一页。而发现禽龙的过程,也向人们展示了一个道理,即权威人士所说的话不一定是正确的,应该多用脑去思考问题,这样才能有收获,才能有新的发现。

12. 家族晚辈——鸭嘴龙

鸭嘴龙是恐龙家族中的晚辈,生活在晚白垩纪时期,在爬行动物中属于双孔亚纲、初龙次亚纲鸟臀目、鸟脚亚目的动物。它的嘴既扁平又长,像鸭嘴一样,故称此名。从出土的化石知道,鸭嘴龙前肢有四趾,后肢有三趾,它的后腿粗大且尾巴很长,共同构成三脚架的姿势支撑着全身的重量;而前肢短小高悬于上部,可协助嘴来摄食树上的枝叶;它的牙床上长着成百上千的牙齿,这些棱柱形的牙齿成层镶嵌排列,上层磨蚀完了,下层长上去补充,这种结构可以加快咀嚼速度并适应硬壳粗纤维的植物。鸭嘴龙分两种,头部有顶饰的棘鼻龙和无顶饰的平顶龙。前者以青岛龙为代表,后者以山东龙为代表。以前专家认为头上有顶饰是它高高在上的鼻孔,这种结构适应水中生活。它应该是会游泳的,趾间应该有蹼。但20世纪80年代在美国出土了一具鸭嘴龙的干尸,却表明趾间无蹼,不过从身上长有鳄鱼似的皮肤来推断,它也能适应水中生活,所以这是水陆两栖生活的:陆地用前爪抓树叶,水中用平扁的嘴来铲食水草。

鸭嘴龙也是我国所发现的第一条恐龙化石。这条恐龙化石既不是在山东,也不是在四川或内蒙古等发现大量恐龙化石的地区,而是在黑龙江嘉荫县的龙骨山。这是由于受到黑龙江的长期冲刷,使恐龙化石不断地暴露出来,散布在江边的泥滩上。当地渔民发现了这些大骨头化石非常惊奇,认为是龙的骨头。这消息被当时的沙俄军官知道了,过来调查采集。他们把采集到的恐龙化石误认为是大象化石,并在俄国伯力地方报纸上作了报道。这报道引起了俄国地质学家的注意,从1915~1917年连续来我国进行大规模的调查与发掘,依靠所采集到的化石又配上占全部骨架1/3的石膏,装成了一具平顶鸭嘴龙骨架,高约4.5米,长约8米,命名为鸭嘴龙科满洲龙属,陈列在彼得堡地质博物馆里。我国著名的古脊椎动物学家杨钟健教授参观了这个恐龙骨架,并带回了头骨化石标本模型。

虽然中国的第一条恐龙化石不在中国,但可以弥补的是20世纪70年代地质工作者又重新在龙骨山附近找到了新的恐龙化石。黑龙江省博物馆经过两年的发掘获得大量的恐龙化石,装成了大小三条鸭嘴龙化石骨架。该地出土的恐龙化石大多呈暗褐色或黑色,黑色的恐龙化石贮存在岩石中,石化程度非常高,质地坚硬,乌黑发亮。据石油地质学家认为,这个含化石的岩石层是含油层位,黑色化石是由于石油浸泡的结果。从出土的恐龙化石来推断,白垩纪晚期的黑龙江流域并不像现在这样寒冷,而是气候温暖、四季如春、土地湿润、植被繁茂。到了中生代末,除了天灾外,欧亚板块不断向北漂移,气候开始变冷和干旱,许多植物、动物死亡,恐龙也随它们一起灭绝了。它们的尸体埋藏在浅湖沉积的泥沙中,天长日久,地下水中的矿物质渐渐渗透进骨头中而形成化石。以后的地质运动又将这里抬升,形成了今天的龙骨山。

龙骨山中的恐龙化石很丰富。1990年,长春地质学院和黑龙江省博物馆联合考察,找到了当年俄国人发掘恐龙的地点,在此又获得了大量恐龙化石,并于1992年组装成一条长11米、高6米、真骨含量70%的大型恐龙化石骨架,存放在长春地质宫地质博物馆,供游客参观。

13. 道貌岸然——胆小的恐龙

在美国科幻电影《侏罗纪公园》中,除了霸王龙外还出现了其他一些恐龙的巨大身躯,它们伸着长长的脖子缓缓地漫步于丛林与湖泊之间,显得非常悠闲。它们的身体比"巨无霸"大得多,例如腕龙,身长24米,重达80吨;雷龙身长22米,重达30吨;梁龙身长30米,重达50吨。可是这些龙的胆子非常小,霸王龙一来,它们就纷纷跑进水里躲藏起来了。

这些恐龙都是吃植物的。由于身体太重都是四足支撑,行动不便,只好在有水的地方活动,靠水的浮力来减轻一些体重,同时也躲避霸王龙的袭击。侏罗纪期气候温暖,植物兴旺,为恐龙的生长提供了便利的条件。爬行动物有个特点,身体终生都在不停地生长,各种类型的龙都在不停地吃不停地长,而这些大型恐龙生长速度更快,吃得也更多。身边的植物吃完后,它们利用长长的脖子不动地方地吃远处的植物。由于脖子很长转动时很迟缓,要是再长个大脑袋就更加笨重了,所以它们的头都非常小,与整个身体不成比例。我们知道大脑是指挥身体行动的"司令部",脑量很少的话是不能协调身体运动的,恐龙恰恰如此。为了解决这一矛盾,恐龙的中枢神经系统在腰部变大、膨胀,形成一个神经节,替大脑分管内脏和四肢的运动,这就是专家们所称的"第二大脑"和"恐龙有两个脑袋"的含义。

水对这些恐龙来讲是太重要了。首先保证了植物生长,水中的藻类、湖岸边的丛林为恐龙提供了丰富的食物,同时又部分弥补了恐龙体重过大、行动不便的弱点。更重要的是它保障了恐龙的安全,如果霸王龙来了,这些恐龙能迅速移到深水处,全身浸泡在水中,只把脑袋露出水面呼吸,霸王龙只得望水兴叹。所以这些龙除了产蛋、转移湖泊时上岸外,长期都泡在水里。它们实在是离不开水,可大自然却对它们开了一个"大玩笑",让水离开了它们。

这个"玩笑"的起因,是有一个小行星在白垩纪末期闯进了地球大气圈,撞击在南美洲和北美洲之间,产生了巨大的爆炸,炸出了加勒比海湾。爆炸产生的光辐射、冲击波和形成的长时期遮天蔽日的灰尘云,是导致恐龙灭绝的直接原因。但这一因素导致恐龙死亡的数量是很少的,而被间接原因致死的恐龙数量是占绝大多数的。这些原因是：

首先，由于灰尘的全球性弥漫，使地面接收的阳光量减少，不能维持裸子类的高大乔木和灌木的生长，使它们落叶、枯萎甚至死亡，但被子类的草本植物则可以利用少量阳光生长，这样被子植物就借灾后的机会繁荣起来。食惯了裸子植物的恐龙由于大量树叶的脱落，食源开始不足了，在剩存的树叶叶面上落满了宇宙灰尘，恐龙吃后不适，而矮小的草类又吃不惯，导致了它们体质下降，疾病流行。

其次，大爆炸破坏了地壳内部的平衡，引发了一系列的构造运动，主要表现在火山爆发、气温下降、陆地上升，那些裸子类的乔木、灌木也经受不了这一连串的天地灾难，昔日那星罗棋布的湖泊和茂密的树林消失了，恐龙的生活环境遭到了极大的破坏。失去了水的恐龙只好步履蹒跚地到处寻找残存的湖泊，这样遭到袭击的机会就更多了。气候开始分为四季，使恐龙这种既不恒温又不会冬眠的动物在冬季极不好过。

第三，哺乳动物在侏罗纪就已出现，但那时陆地上一直是恐龙统治，哺乳动物的数量很少，个体也很小，这些灾难对于身体结构先进的哺乳类来说，受害程度要相对小多了，而且它们的适应能力又强，乘着恐龙自身难保之际迅速发展起来。首先发展的是吃植物的哺乳动物，它们能吃被子类的草本植物，不愁食源紧张，各种动物都迅速发展，与恐龙争生存、争空间，恐龙因身体机能落后而节节败退。

第四，恐龙保护后代方面的能力也比哺乳类差得多。哺乳类胎生成活率高，幼仔还受到母兽的照顾，教它们生存的本领。恐龙是卵生，且产卵后便离开，全靠阳光孵化，产地又是在植物茂盛的湖岸很容易被水淹，加上自然破坏和其他动物的偷食，成活率很低，这在过去已是输了一筹，只是因数量占优势而不显，但现在优势已没有了，身体特点不适应环境的变化，落后的繁殖方式暴露无遗。

由此可见，恐龙绝灭的原因是多方面的，每个原因都对它们的生存造成了巨大的困难。它们也许可以应付一两个困难，但所有的困难都接踵而来时，它们就坚持不住了，自然界的优胜劣汰规律终于无情地结束了它们的生命。

专家们把恐龙的绝灭作为中生代结束的标志，接下来便是由哺乳动物担任主角的新生代了。

14.举世霸主——霸王龙

电影《侏罗纪公园》中那条霸王龙简直太厉害了:它扯断电网,拱翻汽车,吞食恐龙甚至活人,走起路来大地震动,威风凛凛,不可一世,真像是外国动画片中战无不胜的变形金刚"巨无霸"。

霸王龙生活在白垩纪时期,是一种捕杀大型食植物恐龙的大型食肉恐龙。霸王龙身长10米,高6米,体重20吨,两条粗壮的后腿支撑着全身的重量,但行走的速度并不慢,可达10~12千米/时(这是专家根据它的足迹化石步幅的长短和它的身高计算出来的)。一条粗壮有力的尾巴既能在行走中保持身体平衡,又可作为进攻的武器。一对前肢虽然细弱,但末端尖锐,在搏斗中往往能将猎物抓得皮开肉绽。但最厉害的武器还是那张巨嘴,真可谓是血盆大口,两排尖利的牙齿在强有力的上下颚牵动下,能够咬断(下)猎物的任何一部分。霸王龙具备这些优势似乎还觉得不够,又加上了一件"迷彩服",使得它能隐蔽地接近目标。

霸王龙是怎样捕食动物的,我们谁也没见过,但是观察现代爬行动物(如蛇、鳄)的捕食方式,都是四处走动寻找食物的,故而电影导演在《侏罗纪公园》中也把霸王龙刻画成四处奔走的破坏者了。鳄鱼、巨蜥有牙齿,在捉到猎物后是用牙齿一口一口地吃。蛇的嘴巴可以张得很大,所以采用了吞食的方法。而霸王龙的猎物是重达几十吨的大型恐龙,它又长着两排尖利的牙齿,当然是要把猎物撕裂开,而不是整个吞下去。爬行动物新陈代谢缓慢,霸王龙也是这样,饱食一顿后可以几天不吃东西。

如此巨大凶猛的食肉动物,中生代没有哪种动物会是它的对手,可它又是怎样绝灭的呢? 是动物界竞争规律和它自己的特化。

首先,霸王龙是一种极端特化的恐龙,是专吃大恐龙为生的,它身体上所有的器官只适应捕杀大型动物。而越是特化的动物就越需要稳定的生态环境,就越经不住环境的变化,一旦环境的变化速度超过了它们身体适应的限度,它们就会死亡。白垩纪末期,经过灾难后气候变得寒冷起来,小型爬行动物适应较快,用各种方法生存下来,如蛇四肢退化,学会了钻洞、冬眠来躲过食物缺乏和寒冷的冬季。而霸王龙看来是没有学会冬眠,又无法抵御严寒的袭击,处境悲惨了。

其次,食植物恐龙的大量死亡对它有着直接的影响,饥饿和疾病一直在威胁着它们,自己已朝不保夕,就更无法繁殖后代了。

它为什么不吃哺乳动物呢?想吃,可吃不到。它行走时产生的震动、发出的响声以及散发出的气味,都被哺乳动物先进的感觉器官捕捉到了,不等它走近就早已逃走或远远地避开了。它又不会像蛇那样钻洞、鳄鱼那样游泳去捕捉猎物,加上白垩纪末期的恐龙都纷纷带有"自卫武器",如三角龙头上有三只角、禽龙的前爪趾坚硬似钢钉、肿头龙头硬,吃它们也不是那么容易的,搞不好还会受伤、死亡。既然什么都不适应了,也就该退出历史的舞台了。

15. 侧支旁亲——始祖鸟

鸟类是脊椎动物进化主干上的一个侧支,这个侧支从爬行动物时代就开始分化了,虽然距今已年代久远,但因它们的活动领域——天空环境稳定,它们筑巢又在高枝或峭壁之上,不易遭受地面动物的侵犯,相对比较安全,所以生存到了现代。

据古生物学家的研究,鸟类的祖先是起源于一类尚未特化的爬行动物。在三叠纪时期,爬行动物刚刚兴盛,在此演化主干上的动物是四肢骨、肩胛骨和坐骨的变化。有一类爬行动物想靠自己的力量冲向天空,像昆虫一样主动飞翔,就必须要长出一副翅膀来。可它们不会像西方神话中描述的天使那样,四肢健全,再从后背生出一双翅膀来,而是有得必有失,以失去前肢来换取翅膀。在前肢变翼的过程中又分化出来两支,一支是皮质翼,一支是羽毛翼,皮质翼的代表动物是翼龙,而羽毛翼的代表动物便是始祖鸟。

目前,全世界发现的始祖鸟化石仅有 7 个,个个都可以说得上是世间珍贵标本,它们都发现在德国巴伐利亚省石灰石矿山中。经过年代测定,它们是生活在距今 1.4 亿年前的侏罗纪晚期,和乌鸦一般大小,长着多节尾椎骨组成的长尾,嘴里有牙齿,翅膀的前端残留着爪,如果不是同时找到它的羽印痕,很可能把它鉴定为爬行动物。鸟类是从槽齿类演化而来的,槽齿类兴盛于三叠纪,所发现的始祖鸟是侏罗纪晚期的,它们之间有长达 8000 万 ~ 9000 万年的空白区,这比整个新生代还要长。在这段时间中应该会有更古老的鸟类化石,但现在还未找到。

为什么说始祖鸟是爬行动物和鸟类之间的中间环节呢?因为它保留爬行类的一些特征。除上述提到的以外,还有骨骼没有气窝;三根掌骨没有愈合成腕掌骨;肋骨细,无钩状突起,这些特征与鸟类比起来是非常落后和原始的。但它也有鸟类的一些特征,如有羽毛,就意味着它已是恒温动物了。恒温动物始终保持一个相对稳定的体温,这就加强了这类动物对环境适应的能力,为有效地征服空间提供了必要的基础。第三掌骨已与腕骨愈合,这是后来的鸟类掌骨都愈合成腕掌骨的开始。我们注意观察一下鸡翅膀,翅膀末端的那块小尖骨就是愈合的腕掌骨。始祖鸟代表着爬行类过渡到鸟类的一个中间环节,这种过渡型的动物身上分类界线是很模糊的。恩格斯曾提到过"用四肢行走的鸟",指的就是始祖鸟;有的专家也戏称它为"美丽的爬行动物"。

始祖鸟的行动方式,有人认为它是地上的走禽,靠后肢支持体重,以尾巴保持平衡,靠生有羽毛的翼扇动空气产生前推力,帮助它向前奔跑,形如鸡跑时一样;也有人认为它是以树栖为主,两足拇指向后与另三个相对立,很适合抓握树枝,它的前肢趾端长的爪也是抓握树枝的有力证据。它从地面起飞,落到树上,再从这一棵树滑翔到另一棵树,趾端的爪是在树枝上降落时用来稳定身体的,它的长尾也不适合起落和扭转方向,所以专家推测始祖鸟大概是一种飞行能力低、起落不快的鸟。嘴中的牙齿用来咬死昆虫和鱼类。

鸟类化石是所有化石类型中发现得最少的,归结起来有以下原因:鸟类是在空间活动的高等动物,死后落到陆地或水里,随时都有被其他动物吃掉的可能,如果没有被及时埋藏,也会腐烂掉,而这种几率极大;在中生代时期,陆地和水里有大量的爬行动物和鱼类,被称为爬行动物时代,刚分化出来的鸟类,无论从适应能力或数量上讲都处于开始阶段,不占优势,随时都会遭到攻击,故化石从总量上讲也不可能很多。

不过也不是没有希望,至今发现的始祖鸟化石都还限于欧洲德国巴伐利亚省的侏罗纪地层中,其他各国还都未发现。拿我国来说,广大国土上分布着广泛的侏罗纪地层,其中化石保存得也很好,如辽宁凌源附近的狼鳍鱼化石,形态逼真,依然有微细的结构和印痕;新疆白垩纪地层中,曾找到保存完好的准噶尔翼龙,它是比始祖鸟晚的动物,表明当时那里的生活环境适应飞行动物的生长,很可能会找到古鸟类的化石。20世纪80年代,我国在辽宁省境内发现了一件古鸟化石,经专家鉴定,它的生活时代要比始祖鸟晚,身体结构也比始祖鸟进化。这表明只要不懈的努力,终有一日这些化石会被发现,并为鸟类的进化提供证据。始祖鸟的复原形状在各地的博物馆中都有陈列,同学们不妨去看看,以加深对它的了解和认识。

16. 志存高远——空中翼龙

在上一篇中我们曾经提到爬行动物将前肢演化成翅膀的两种结果：一种是羽毛翅膀，一种是皮膜翅膀。始祖鸟具有羽毛翅膀，体形很小，而具有皮膜翅膀飞行的大型爬行动物则是翼龙。它前肢第五趾退化，第四趾延长，一、二、三趾尚且存在，用于攀抓。皮膜从趾端一直延长到后肢的腋下。

中生代的翼龙大致可分三类。一类是早期的翼龙，主要生活在早侏罗纪，喙嘴龙是这一类的代表。它产于德国佐伦霍芬地区，恰巧与始祖鸟产于同地、同时代的地层中。它是刚从爬行类中分化出来不久，身体上的原始现象很多，如长尾巴、嘴中有长牙、前肢掌骨很短，使两翼扇动力量不大。它还不能自由飞行，只能从高处向低处滑行，这阶段的翼龙还不是它们的典型代表。到了晚侏罗纪，出现了翼指龙，它进化得尾巴极短，口中的牙齿也有退化，掌骨变长了，它可算为进化的中期产物。进入白垩纪后，翼龙的演化已达到了高峰，尾巴消失，牙齿退化，头部有隆起的骨质嵴，骨骼中空，眼睛前方有巨大的孔洞，这样就减轻了头骨的重量，第四趾趾骨更加伸长，扇动力量加大，使它能够自由飞翔。这个时期的代表是中国准噶尔翼龙。

一些专家经过对化石的研究，提出翼龙有可能是温血动物的看法，其根据是它皮翼的结构。仔细观察它的印痕化石，发现外半部分坚硬，充满了又直又长的、平行排列紧密的纤维，僵硬而无弹性；内半部分（靠近身体的后半部分）纤维短且弯曲，排列疏松呈波状，有可能是皮毛，且皮膜也较软，具伸展性。由于这些纤维柔软、稀少、易腐烂，很难保存下来，过去也一直未引起专家们的注意。现在对它们身体结构的仔细研究，认为它应该具有这些"微细附件"。在对翼部认真观察后，终于发现了这些印痕。翼龙两翼张开可有 6～15 米宽，但身体不大；在两翼有力的扇动下，要保持体内热量不散失就必须要有隔热的皮毛来保温。翼龙生活在湖边、海边，惯食鱼类，是食肉动物，但从化石腹部印痕上未发现胃中有食物，表明它们消化、吸收的速度很快，能够产生高能量来维持体温及提供动力，这为翼龙是温血动物又提供了一个证据。但是仅凭这两点还不能说明问题，还要再找更多的化石来观察，以发现更多的"微细附件"。可是翼龙的化石很少，其原因与始祖鸟是一样的。如果翼龙是温血动物的论点得到了证实，它将证明翼龙进化得和鸟类一样先进，而并非是过去人们所想的那样笨重的飞行动物。

翼龙绝灭的原因还没有彻底搞清楚,但推测其原因很可能出在皮翼上。它的皮翼很薄弱,中间没有骨骼支撑,一旦皮翼破损就无法修补,影响了扇动能力,造成两翼不平衡,皮翼越大这个缺点就越明显。而从爬行类进化出的鸟类在适应天空飞行方面的能力比它们更强,在竞争中鸟类灵活地扇动翅膀,做着急飞、急停、空中急转弯等高难度动作,把翼龙打下了天空,打进了泥土。因此,尽管翼龙有可能也进化到了温血动物阶段,但由于进化速度不快、程度不高,最终还是被进化快、程度高的鸟类独霸了天空。

现代的皮膜翅膀动物——蝙蝠,吸取了翼龙的教训,抓住鸟类的弱处——不能夜间飞行(少数鸟除外),又重飞上天空。它们靠超声波来确定猎物、躲避危害。它们的五根指骨都延长进皮翼中起支撑作用,使扇动更为有力;而且又可作隔挡,当一处皮膜损坏时不影响或不扩大到其他部分。同时,身体也不向大型化发展,提高了对环境的适应性。现在的蝙蝠吃昆虫、花粉甚至吸血,并不与鸟类争食,故能生存下去。

17. 夜叉探海——水中的鱼龙和蛇颈龙

在自然博物馆恐龙展览中,墙壁上常有一幅大型壁画,画的是几只酷似海豚的动物在海水中游泳、跃起。你可千万不要认为是海豚,它们是中生代海洋中的霸王——鱼龙,是一种性情凶恶的海生爬行动物,陆地上恐龙的表兄弟。

鱼龙最早出现在三叠纪。从它的化石形状来看是具流线型的体形,已与其他海生爬行动物有着极大的差别,它没有其他动物都具有的脖子。它的生活环境、游泳方式及食物来源与现代的鲨鱼、海豚都一样,所以它们的外形也是惊人的相似。这种因适应相似的生活环境而在体形上变得相似是向鱼类趋同的,所以称它为鱼龙。鱼龙的体形表明它游泳的速度很快。它的尾巴是游泳的动力,呈倒歪型,即尾椎骨不是向上而是向下,且与脊椎骨不在一条直线上。随着进化,到侏罗纪之后鱼龙的尾椎骨急剧倾斜伸入尾鳍下叶;它的眼睛也变得很大,视野开阔;口中长满了利齿,除了捕鱼外还能咬碎菊石、瓣鳃类的硬壳;其生殖方式也改为卵胎生(即胎生)以适应海中生活,在化石中常可见到的小鱼龙骸证实了这一点。鱼龙的身体也向着大型化发展,我国20世纪60年代在西藏发现的"喜马拉雅鱼龙"身长就在10米以上。

与鱼龙共同生活在海洋中的爬行动物还有蛇颈龙,它是调孔亚纲中蜥鳍目的动物。本目动物的主要特征是长尾巴、长脖子、三角小脑袋、全部是海生,因体形像蜥蜴（即"四脚蛇"），故起此名。本目动物体形一致，但大小却差别很大。小者如中国的贵州龙，黄豆大小的脑袋，火柴棍粗细的骨骼，逐渐变粗的长脖子和逐渐变细的长尾巴，从头至尾总共才 10 厘米左右，可谓是本目中的"小不点"。因体形太小，它不属蛇颈龙类，而归为幻龙类。蛇颈龙是大型的海生爬行动物，生活于侏罗纪至白垩纪，体长从几米至十几米。根据脖子的长短分为长颈和短颈两种类型，长颈类中的颈椎骨可达几十节。它们均以海中动物为食，其游泳方式是靠四肢划水，尾巴做舵，因此速度不如鱼龙快，说不准还是鱼龙攻击的目标，只要鱼龙快速冲来，一口咬断它们细长的脖子，就可以从容地饱餐一顿了。

中生代的海洋中除了鱼龙和蛇颈龙外，还有蜥蜴类的沧龙和鳄类的地龙，这里就不再介绍了。

18. 技高一筹——哺乳动物

哺乳类是脊椎动物中最高等的一类，具有更加完善的适应能力。它的骨骼结构比爬行类更为紧凑和坚固，头骨上的各骨片已连接成完整的颅骨，骨片的减少或愈合导致了颅腔的扩大，脑量随之增多，因此，哺乳类比爬行类"聪明"。被人驯养，能帮人干活的大多数是哺乳类；牙齿有了分化，从简单的一种齿形分化出了不同的类型，以适应不同群体的不同食物来源（如食肉、食植物）。即便是个体动物，口腔中的牙齿也有不同的分工，如负责咀嚼的前臼齿等，切断食物的门齿，撕裂、进攻用的犬齿等；听觉更灵了，由一块耳骨发展出了三块听骨；成年后身体基本停止了生长，对环境的需求不再增多（如不必因身体的增大而频繁更换住处，对食物维持在一个常量上）；体温恒定，提供了稳定的新陈代谢，加上体表有毛发可保温、隔热，扩大了生活的领域；最重要的是具有胎生和分泌乳汁哺乳幼仔的特征，在对后代的照顾上迈进了一步，提高了繁殖后代的能力，使后代的成活率大为提高。

一般认为哺乳类是起源于爬行动物兽孔类中的，在三叠纪时就发现了这类爬行动物头骨片愈合或减少、牙齿高度分化、已能够直立行走等哺乳动物的早期特征，故而专家们推测在三叠纪时就有了哺乳动物的存在。这也表明爬行动物在一出现后就高度分化，兽孔类从"大家庭"中分化出来的时间要早一些，而它演化出来的哺乳类陪着爬行类的大家庭几乎度过了整个中生代。在中生代，动物进化的主干动物并不明显，大量的侧生动物占据了主要舞台。打个形象的比方,就好比一棵松树的形状,树顶只有尖端的一小部分,而越往下侧枝生得越多,长得越长,远观全树,侧枝叶占据了绝大部分的轮廓,然而只有尖端的那一小部分能使整棵树笔直地往高处生长。这种现象符合一个哲理:在生物界中,无论是植物还是动物,领先的、带头的总是少数,而大部分同类都是衬托层。

中生代末期那次灾难意外地给了哺乳动物迅速发展的绝好机会:它们胎生哺乳,在窝中繁衍后代,其幼仔成活率比那些露天日照、自生自灭的爬行类幼仔要高;它们是恒温动物,天冷了或靠运动取暖,或靠冬眠躲避,不像爬行类变温,温度降到一定程度,就会被冻死;天热时靠出汗降低体温,而爬行类没有汗腺只能泡到水里,若无水则会被热死;它们身体各部分的骨头或愈合或固结,而爬行类身上"零碎"太多,行动不如它们方便灵活,活动范围也不如它们宽广;植物界被子植物出现后,食植物的哺乳动物适应性很快,而食植物的爬行动物因新陈代谢慢适应不了。总之,灾变后自身和环境的一切条件都不利于爬行类的发展,只能让哺乳类代替了。新生代开始对陆地又一次扩大面积,更给了哺乳类发展的地盘,它们以高层次的进化向陆地深处进军,无论是沙漠还是高山,不管是炎热的赤道还是寒冷的北极,都留下了它们的足迹。它们在适应环境的同时,身体结构又开始了分化,产生了各种形状,生物学中把这种现象叫适应辐射。当初爬行类就是适应辐射,现在哺乳类也适应辐射,夺取了爬行类的所有地盘。除了陆地外,哺乳类也向天空和水中发展。有趣的是,这两支"队伍"在体形上与爬行类向天空与水中发展的两支"队伍"非常相近,天空的一支其"翅膀"都是皮膜,而水中的一支也都是用尾巴来推进的,甚至连尾巴的形状都很相似。

哺乳纲可以分为四个亚纲,由于人们通常所说的野兽实际就是哺乳类,故分类上从亚纲至次亚纲都用"兽"来起名。

(1)始兽亚纲包括了原始哺乳动物,现都已绝灭了。

(2)原兽亚纲是从始兽亚纲中进化来的,现已大多数绝灭,仅剩下下蛋的哺乳动物——鸭嘴兽和针鼹。

(3)异兽亚纲也是原始的哺乳动物,但其进化路线与始兽亚纲不一样,是不同的两栖类进化产生的。

(4)兽亚纲包括了现代哺乳动物在内的30多种化石及现生种,它又可分为祖兽、后兽和真兽三个次亚纲。祖兽次亚纲在三叠纪末期已绝灭,后兽次亚纲到今天仅有一种有袋类,其余全是化石。今天现存的所有哺乳类动物都属于真兽次亚纲,顾名思义,它们都是真正的野兽。

哺乳类尽管是脊椎动物中最高等的一类,但为了生存,为了适应环境,仍然在不停地进化和演变着。如马,从低矮趾行的始马演化成今天高大蹄行真马;大象的鼻子也是越进化越长;海生哺乳动物也分化出了海豹、海狮、海象、海豚和鲸,其中鲸目中的蓝鲸演化成为古今最大的动物。哺乳类最明显的进化表现在灵长目。此目有猿类与猴类,猿类的脑量与体重之比,在动物界中是最高的,两只眼睛都移到了头的正前方,尾巴退化了,前后肢因使用上分工,在构造上有初步的分化。它们不仅在树上生活,有时也下地来活动,在前肢帮助下能半直立地行走,甚至偶然也能直立起来。猿类群体关系密切,常以家族为中心进行活动。由于在长期的进化过程中具有了这些特点,使它们以后在外界环境逐渐改变的条件下,得到了进一步的发展,从中诞生出了人类。这在动物界中是一次巨大的质变,从中分出了一个人类世界,他摆脱了纯粹的动物状态,具有自觉能动性,有思维,能劳动,从此以后,人类取代了哺乳动物,成为现在地球上的统治者了。

19. 卵生哺乳——鸭嘴兽

大家都知道哺乳动物一般为胎生,体表一般有毛,但动物界中确实有卵生的哺乳动物,它们就是生活在澳大利亚等地的鸭嘴兽和针鼹。为什么它们是卵生而非胎生呢?

我们知道,哺乳动物是从爬行动物中进化来的,哺乳动物也产卵,但它的卵不排出体外,受精后在体内长成幼体生下来,然后再靠母兽的乳汁喂大,这就是胎生哺乳。但是从卵生到胎生,经历了一个漫长的过程,在动物进化的道路上有些种类停了下来,鸭嘴兽和针鼹就是这些停下来的种类中的后代之一。

以鸭嘴兽为例,它是现生哺乳动物中最低级的一种,是单孔目的动物,即它的排粪、排尿和生殖是通过同一孔道——泄殖腔来完成的。它需要通过一段孵化时期才能变成小仔出蛋壳,这些正是爬行动物的特征。但小仔出生后体表上有毛,而且是吃母兽的奶汁长大的。哺乳时也很有意思,母兽身上没有乳头,腹部只有一个下凹的乳腺区,母兽四脚朝天躺在地面,乳汁湿透了乳腺区的腹毛,幼仔趴在上面舔食。鸭嘴兽又是一种特化了的动物,它的嘴巴似鸭的喙,爪之间还生有蹼,所以人们这样称呼它。鸭嘴兽会游泳,靠捕食水中的鱼虾为生。

鸭嘴兽的那些类似爬行动物的特征,正好说明它是由爬行动物向哺乳动物进化中的过渡类型。由于它所具有的原始性,使它在世界各地均被后来先进的哺乳动物绝灭了,只有澳大利亚大陆在它刚出现后不久就独自南移,与其他板块相隔离,终止了动物的交流,使鸭嘴兽保存到了今天。也正因为如此,很多人都没有见到过鸭嘴兽。当第一件鸭嘴兽的标本被带到欧洲时,"骗子,伪造的东西,是好事之徒无聊地把鸭嘴缝在小兽上……"大多数学者面对其标本付之一笑,给它这样的评论。后来标本一件接一件地送来,经过一场旷日持久的争论,最终根据它的哺乳特征、恒温及有体毛,确认它为哺乳动物,全世界仅此一目一科一属一种。"会下蛋"的哺乳动物终于得到了人们的承认。恩格斯也曾感叹过自己曾经"嘲笑过哺乳动物会下蛋这种愚蠢之见,而现在却被证实了"。他在给朋友的一封信中风趣地说:"我不得不请鸭嘴兽原谅自己的傲慢和无知了。"后来他在总结18、19世纪生物科学的成就时指出:"自人按进化论的观点从事生物学的研究以来,有机界领域内固定的分类界限——消失了;几乎无法分类的中间环节日益增多,更精确的研究把有机体从这一类归到那一类,过去几乎成为信条的那些区别标志,丧失了它们的绝对效力;我们现在知道了有孵卵的哺乳动物,而且如果消息确实的话,还有用四肢行走的鸟。"恩格斯所说的"四肢行走的鸟",指的是在德国发现的始祖鸟。

鸭嘴兽因其优质的毛皮在当地遭到大量捕杀,数量逐渐减少,澳大利亚政府将其列为禁猎保护动物。的确,我们人类应该与动物界、植物界和平共处,不能一味地伐尽杀绝,否则不仅会使子孙后代遗憾,而且自身也会遭到大自然的报复。这方面的例子真是太多了,我们不应该让它们继续出现。

20. 不可一世——塔斯马尼亚虎

一提袋鼠,大家都很熟悉,在电视和动物园中都能见到它:头部像老鼠,前肢短,后肢长,一条粗大有力的尾巴,奔跑起来不用前肢,一蹦就好远,休息时尾巴拄在地上作为椅子。最显著的特点是雌性袋鼠的腹部有个育儿袋,年幼的小袋鼠就装在袋中随母亲四处觅食,"袋鼠"的名字也就是这样来的。

可是同学们知道袋狼吗?这是一种有袋类的食肉动物,在四面海水包围的澳大利亚大陆上曾一度是统治者,可它现在哪里去了呢?回答这个问题,就要从有袋类动物说起。

我们知道哺乳纲动物分为始兽、原兽、异兽和兽4个亚纲,前3个亚纲都是古老的原始哺乳动物,几乎都是化石了,仅有原兽亚纲单孔目中的鸭嘴兽和针鼹尚还在澳大利亚存活。有袋类动物比它们进化一些,是兽亚纲的。兽亚纲又分3个次亚纲:祖兽、后兽和真兽。有袋类是后兽次亚纲中的唯一动物,除了澳大利亚以外,中美和南美也存在有袋类。

有袋类比起鸭嘴兽,其先进性表现在体内具有胎盘,它的幼兽先在母体中生长一段时间,初步成熟后才生下来,又被母兽放入育儿袋,在袋中吸吮乳汁长大,直到幼兽能独立生活才离开这个育儿袋。

动物界绝大部分动物不管是处于何种进化阶段,其食性均分为两类:植食型和肉食型(现在的动物中分化出一类杂食型动物,如野猪、熊等),有袋类也不例外。袋鼠是吃植物的,而袋狼是吃肉的,它的肉食来源就是袋鼠。生活在澳大利亚的袋狼是有袋类中最大的猛兽,身长2.5米,肩隆处高约60厘米,身上有纵条纹,与老虎身上的条纹相似,故有人也称它为"袋虎"。过去它们曾大量生活在澳大利亚大陆上吃喝不愁,可是突然有一天变了,大陆上出现了一种狗(当地称其为迪恩古)与它抢夺地盘、竞争食物,甚至为了食物向袋狼发起攻击(攻击无反抗力的幼兽,而当幼兽藏进育儿袋后,母兽行动也不灵活了)。由于这种狗身体进化得更先进,袋狼失败了,被迫退出了澳大利亚大陆。好在其附近的岛屿上仍有它们的同伴,而狗也不游过海峡继续向它们进攻。

原本袋狼可在塔斯马尼亚岛一隅安居,但不幸却向它们袭来:19世纪30年代,人类发现了澳大利亚大陆,欧洲移民陆续登上了这块宝地,并且随着人数的增加,周围岛屿也住上了人。在塔斯马尼亚岛,移民们放牧羊群以后,便不能容忍塔斯马尼亚虎(袋狼)的存在了。它们放弃袋鼠和其他小动物不食,专门撕咬既无反抗力又逃跑不快的绵羊,牧民们便开始持续不断地猎杀这种猛兽。

1936年,澳大利亚国家动物园中的最后一头袋狼死了。1938年,袋狼被列入受保护动物目录。

21. 驽马十驾——三趾马

马,不但一直是牧民及赛马者所偏爱的动物,也是古生物学家所偏爱的。根据北美洲马类化石的确定,可以把马的进化阶段清楚地列出来。马的进化时代是从第三纪的始新世开始,经过了始(新)马、山马、渐(新)马、草原古马、(上)新马和真马阶段。

始(新)马在开始进化之际,已经从原始哺乳类那里继承了前肢四趾、后肢三趾的特点。从山马到(上)新马,前肢均具三趾,进化至真马时前后肢仅剩一趾。在其他国家,(上)新马(具三趾)和真马(具单趾)常作为划分第三纪及第四纪地层界线的标准化石。而我国却不同,在我国第四纪更新世早期,仍有三趾马和真马同时存在的情况,那时有长鼻三趾马。需要指出的是,与真马同时出现的三趾马是不可能再进化到真马了。生物界进化的特点是:当主干上新的生物已经出现,与它共生的大部分旧种类就要被淘汰,只是时间的早晚问题。这一现象在脊椎动物进化中表现得极为明显。在我国常见的三趾马是马类进化中的一个侧支,是从中新世由草原古马阶段分化出去的,当时它们在数量上还占有很大的优势。

从挖掘的马类化石中,我们能够将马进化过程描述出来:始新世时,始祖马生活在森林中,形体似狐狸,背部弯曲,前肢具四趾,后肢具三趾,以吃树叶和嫩枝为生,前肢可撑着树干将身体直立起来,觅食高处的食物,行动机警。森林中猛兽很多,加上气候趋于干旱,草原面积增大,三趾马便来到草原求发展。草原的环境与森林大不一样,天高地广,障碍物少,便于奔跑,同时沟坎壕堑也需要跳跃。更主要的是,草比树木低矮得多,草原光线明亮,动物很容易被发现,故始祖马在吃草时要时常抬头观看四周,同时也要让自己的身体向高长,才能看得更远,而且要不时地奔跑来躲避危险。这些变化使原来的身体结构不能适应了,首先趾数多,跑不快。我们都有这种体会,行走时全脚掌着地,而奔跑时只有前脚掌着地速度才能快。始祖马为了各种原因都需要奔跑,于是腿、掌、趾骨都开始增长,支撑力也主要放在中趾上;身体长高了便于观察周围环境,步幅增大了跨沟跃坎不在话下。但个儿长高了,低头就吃不到地上的草,只好努力地伸长脖子与前肢等长,一低头就能吃到脚边的草。朝着这个方向进化,到山马阶段前肢就变成三趾了。从它开始到新马阶段,前后肢一直都是三趾,这好像没有什么进化,但其实马的进化一直没有停下:身体仍在不断地长高、腿、掌、趾骨也不停地加长,脊椎变得平直,保护内脏不受剧烈震动;脸部骨头加长了,头颅加大,脑量增多;前后肢虽仍为三趾,但侧趾已经明显地缩短变细,尤其是到了新马阶段时,侧趾已沾不到地了,完全由粗大的中趾支撑着全身,奔跑速度有了很大提高;变化最大的还是牙齿,门齿变宽,犬齿退化,牙体变长,咀嚼面扩大,褶皱复杂化。变化的结果是加快了吃草的速度,适应了吃草的环境,尤其是冬季吃干草。与此同时,它的内脏器官也做了相应的调整,腹部小利于奔跑,肠胃也比牛、羊等动物短,食物消化时间短,排泄快,其中很多养分来不及吸收就被排出体外,要靠大量吃草来弥补这一缺点。由此看来,这种动物的进化方向并不先进。有人做过统计,一匹马的日进草量相当于 1~2 头牛,对草场占有率很大,因此包括马在内的奇蹄目动物现在正趋向绝灭中,而马类若不是人类因其速度快而驯养、利用,在自然界也可能绝灭了。现在野生的马类仅剩下斑马和普氏野马,而普氏野马也曾经过一段保护性圈养的时间。

在草原古马阶段,有一类三趾马不再继续进化了。当时我国境内草原面积不断扩大,生活环境相对稳定,三趾马没有其他自卫本领,只有从大量的繁衍来弥补被猛兽吃掉的损失,形成了暂时的兴盛。在世界各地三趾马都绝灭、真马已经出现的情况下,还继续生存到第四纪早更新世。虽然它也有些变化,如鼻子伸长了,但终因不能适应环境变化,还是被淘汰了。

22. 穷凶极恶——剑齿虎

剑齿虎是大型猫科动物进化中的一个旁支。

剑齿虎长着一对巨大的犬齿,现在的动物除了大象的牙齿比它长外,再没有其他动物了,可大象的长牙不是犬齿而是门齿。剑齿虎曾广泛分布在亚洲、欧洲、美洲大陆上,但化石数量出产最多和骨架最完整的地方是在美国。美国洛杉矶有一个著名的汉柯克化石公园,这个公园原先是个沥青湖,面积还没有北京北海公园的1/3大。在几个世纪前,当地的印第安人就利用这些沥青来烧火做饭,后来白人夺取了这块土地,在沥青湖上打井采油,挖沥青铺路,湖中埋藏的化石便被发现了。从1875年发现第一块化石起,100年来挖出2100只剑齿虎的化石,此外还有大量其他脊椎动物的化石。有趣的是,这2000多只剑齿虎若按年龄来分析,幼年的仅占16.6%,而青壮年的却占82.2%,表明了它们是来这里捕食陷入沥青湖的,而遭到灭顶之灾。从修复的化石骨架来看,成年的剑齿虎身长大约1.8米,体重可达500~800千克。

剑齿虎的捕猎对象是大型的食草动物,如象、犀牛等。由于这些动物的皮既韧又厚,因此它的犬齿就必须很尖很长才能刺穿厚皮。我们可以想象出它的猎食经过:它长时间耐心地潜伏在猎物必经之路的草丛中,待猎物走近时猛地大吼一声,后腿用力一蹬,整个身体窜了出来,前爪高高竖起,爪尖伸出,犹如一支支短钩,张开巨口,扑在猎物身上,用全身的重量将两把匕首般的牙齿刺穿厚皮,深深地插进被害动物的肌体中。由于牙齿太长不易拔出,剑齿虎便牢牢咬住不松口,疼痛使得猎物拼命挣扎,越这样,前爪和牙齿造成的创口就越大,流的血也就越多,在很短的时间内就气绝身亡了,剑齿虎便可以享受一顿美餐了。剑齿虎在当时是兽中之王,它对小型动物不屑一顾,也没有练出捕杀小动物的本领,可谁知以后它却败在这些小动物手里。

剑齿虎生长的时代正处于第四纪冰川时期,气候寒冷,大型食草动物靠长毛和厚皮来抵御严冬,它们行动迟缓、笨拙,容易被捕杀。但在2万年以前,冰期结束了,气候转暖,出现了植物生长旺季,随后食植物的动物也大量繁殖起来,可是那些耐寒冷的大型食草动物,不能适应气候的变化,只有向北迁移,可北极圈中并无充足的草原,便因饥饿纷纷死亡了。以捕食它们为生的剑齿虎失去了食源,再想回过头来捕杀小动物或马、鹿等大动物,身体已像恐龙那样定型了,既不够敏捷,奔跑起来又没有速度,更由于我们祖先的狩猎技术有了极大的提高,发明了弓箭,利用火攻,在与它争夺猎物中往往取胜,甚至连它也被杀掉成为猎物,可以说世界之大却没有它的立足之地,只能随着大型厚皮动物的绝灭而绝灭了。

有人不禁会问:为什么现代还会有老虎这种大型猫科动物呢?原来现代老虎是大型猫科动物发展的主支。它的祖先在它"大哥"剑齿虎称王时只是个"小弟弟",体形同现代的狸猫、猞猁差不多,专门捕食小型哺乳动物,练就了一身好本领,会游泳、爬树。在剑齿虎绝灭之前,它随着食草动物的大型化也大型化起来,但身体的敏捷与速度一直胜于猎物,只是身体重了,上树不便了,不过在草原也不需要爬树。尽管没有巨大的犬齿,但在技巧上比昔日的"大哥"高明得多,袭击猎物时专找要害部位下口,不是咬断被害者的喉咙就是腿部的盘腱,而且现在的动物(除犀牛外)也没有很厚的皮肤,也不需要太长的牙齿。现代的狸猫动物,按体形的大小所捕食的猎物是有分工的:狮子、老虎捕杀野牛、角马等,豹子捕杀猪、羊,猞猁食兔子,猫捉老鼠,而且体形越小食性越杂,体形大的食性却单一。这样就比较危险,万一再出现一次全球性的灾难事件,狮子、老虎等大型猫科动物会不会像剑齿虎那样,因食源的绝灭而绝灭呢?不会的。其实对狮子、老虎来说,它们最大的天敌不是自然灾害而是人类,如果人类不注意保护它们,那它们必将很快地绝灭。让我们爱护野生动物,与它们和平共处吧!

23.是象非象——猛犸象

猛犸象是一种生活在寒代的大型哺乳动物,与现在的象非常相似,所不同的是它的象牙既长又向上弯曲,头颅很高。从侧面看,它的背部是身体的最高点,从背部开始往后很陡地降下来,脖颈处有一个明显的凹陷,表皮长满了长毛,其形象如同一个驼背的老人。

猛犸象生活在北半球的第四纪冰川时期,身高一般5米,体重10吨左右,以草和灌木叶子为生。由于身披长毛,可抗御严寒,一直生活在高寒地带的草原和丘陵上。当时的人类与其同期进化,开始还能和平相处,但进化到了新人阶段,会使用火攻,集体协同作战,捕杀成群的动物和大型的动物,猛犸象就成了他们猎取的主要对象。在法国一处昔日沼泽的化石产地,人们挖掘出了猛犸象的化石。从化石的排列上可以看出:猛犸象被肢解了,四条腿骨前后相连排成一线,头骨被砸开,肋骨有缺失。根据这个现场,专家们勾画了一幅当时的画面:原始人齐心协力将一头猛犸象逼进了沼泽,大家在沼泽边用石块和长矛把象杀死。先上去几个人把象腿砍下来,搭到沼泽边,让其他人踩着象腿走到象身上,割下大块带肋骨的象肉,用长矛插着运回住地。有人用工具砸开象头,吞食尚还温热的象脑,砍下象鼻,挖出内脏。运走了这头象可食的部分,其余的便丢弃在沼泽里。在漫长的岁月中,沼泽水枯泥干,成为干燥的土地,偶然的机会被发现有化石,再现了当年生物的场面。猛犸象化石出土最多的地方是在北极圈附近。阿拉斯加的爱斯基摩人用象牙化石做屋门。北冰洋沿岸俄罗斯领海中有一个小岛,岛上的猛犸象化石遍地都是。这些化石是冰块流动时从岸边泥土中带出的,堆积到了这个小岛上。由于猛犸象绝灭不过 1 万年的时间,而在自然界中化石的形成需要 2.5 万年,所以猛犸象的化石都是半石化的,像中药里的"龙骨"一样,也是可以用来做药的。有古生物学家在西伯利亚永久冻土层中竟然发现了一头基本完整的猛犸象,它的皮、毛和肉俱全。发现它时,它的嘴里还沾有青草,可能是吃草时不小心掉进了冰缝中,经过 1 万年"天然冰箱"的保存,终于和现代人类见面了。

尽管我们现在看不到猛犸象,可原始人却与它们共处了漫长的岁月,对它们非常熟悉。他们在居住的洞穴中用红土画出了它的体形及围猎它的场面,这与专家们通过化石整理出的复原图相比较,当时的画家对它的素描是非常形象的。

猛犸象生活到距今 1 万年的时候突然绝灭了,是什么原因造成的呢? 专家们做过仔细的研究,找出了许多的原因,但归纳起来还是由外因和内因共同造成的。外因:气候变暖,猛犸象被迫向北方迁移,活动区域缩小了,草场植物减少了,使猛犸象得不到足够的食物,面临着饥饿的威胁。内因:生长速度缓慢。以现代象为例,从怀孕到产仔需要 22 个月,猛犸象生活在严寒地带,推测其怀孕期会更长。在人类和猛兽的追杀下,幼象的成活率极低,且被捕杀的数量离现代越近越多,一旦它们的生殖与死亡之间的平衡遭到破坏,其数量就会不可避免的迅速减少直至绝灭。这是大自然的淘汰规律,并非对猛犸象不公平。新生代的第三纪末期时也发生过类似的情况,当时大量的原始哺乳动物绝灭了,由现代动物的祖先取代了它们,猛犸象的祖先那时取代了它们,现在该轮到它们让出地盘了。猛犸象以自己整个种群的灭亡标志着第四纪冰川时代的结束。

24.承前启后——犬科动物的演化特点

在新生代的老(早)第三纪时期,原始哺乳类取代了中生代爬行动物,登上了陆地霸主的宝座,在广阔的天地中辐射发展,繁衍了很多的种类。但在老(早)第三纪末期,由于环境的变化,它们大量地绝灭了。新一代的哺乳动物崛起替代了它们,犬科动物的祖先在这时也开始出现了。

犬科动物祖先原来是生活在森林中的一种小型食肉动物。再向前寻根,它们的祖先和猫科动物的祖先是同一类动物,被称为细齿兽。由于后代向着不同的方向发展,体形和活动方式发生了分化,演化成了犬、猫两科各自独立的食肉动物。而在老(早)第三纪末期,它们的差别还不太明显,犬科动物的祖先也会爬树、捕食鸟类。到了新(晚)第三纪,它们为了扩大捕食范围,填补原始哺乳动物绝灭而留下的空白,向森林外发展,以捕捉鼠类和兔子等小动物为生。森林外面视野开阔,为了观察地形、发现猎物、躲避危险,它们要不时地抬起头来观察四周,长此以往养成了习惯。那些不善于抬头观察的同类被更大的猛兽吃掉遭到了淘汰,而善于观察者则保留了下来,脖子变长了,头也抬得更高了,与此同时,由于经常不上树便丧失了此能力。但开阔地域培养出了它们善于奔跑的能力,一口气能跑20千米。身体各部位也适应了这方面的发展:脊椎骨各骨节被韧带紧紧地束缚住,奔跑起来能够减少震动,能经受住长时间的颠簸;四肢变得细长,腹部很瘦,一条大尾巴奔跑时起平衡身体的作用;爪尖钝化;嗅觉、听觉高度灵敏,能嗅出1万多种不同的气味,在猎物通过4~5小时后仍能嗅出气味跟踪追击;耳朵俯在地上能听到几百米远的脚步声。演变形成的这些特征,能使它们获得所需要的食物,形成了今天我们看到的模样。

然而生存是很艰难的,即便具备了这么多的优势,有时也仍然很难寻找到猎物,而且还要随时提防被大型猛兽吃掉,所以它们还要练出忍饥挨饿的用餐本领。有时它们找不到活物,只好连动物的尸体都吃,因此消化能力也要特别的好才行,不然就要闹肚子。由于犬类是中型动物,为了保护自己免遭不幸,又养成了狡猾多疑的性格,睡觉前总要围着窝绕几圈,看有无异常,睡觉时一只耳朵还总是贴着地,以防猛兽的偷袭。它们懂得团结起来力量大的道理,经常成群结伙,尤其是在冬季猎物较少时,一声长嚎便能聚集几十至上百只,形成一股连猛兽都逃避的巨大力量。环境的艰苦还迫使它们变得非常残忍。以狼为例,在集体行动中掉队、受伤的狼都会被同伙吃掉,同伴的肚腹就是它们的葬身之处;还有甚者,如果一只狼被猎人下的铁夹夹住,它竟会咬断被夹的肢体而逃走。自从人类开始放牧以来,狼发现捕杀牛羊比捕杀野生动物要方便得多,而牧民自然不允许牛羊被狼吃掉,于是人与狼发生了直接冲突。在人狼之战中,狼失败了,它们的数量锐减。人虽胜利了,但生态平衡却遭到破坏:没有狼的捕食,鼠类空前发展,啃食草根、破坏草场、与牛羊争食。直到这时人类才发现不能把狼全消灭光,它们具有其他动物取代不了的作用,人类应该做的只是控制它们的数量。

在哺乳动物中,熊与犬科的血缘关系是最近的,它们的长相也有些相似,主要表现在嘴形上,怪不得人们都管它叫狗熊呢。的确,在动物分类上熊科是属于犬超科中的,它与犬科的共同祖先是裂脚兽。熊是向着大型化发展,可是大型化后单靠肉食已不能维持生活了,只好兼顾其他食物,如植物的嫩枝叶和果实、蜂蛹及河中的鱼等。由于食性的改变,牙齿已失去切割作用,但却扩大了它的食源。熊科动物活动能力很强,活动的范围大,对环境的适应性也强,从亚热带到寒带的北极圈内,都留下了它活动的脚印。它身强力大,连老虎都惧它三分,在自然界中可以称得上无敌手,唯一对它有威胁的就是我们人类,我们应该爱护这些野生动物。

25. 循序渐进——猫科动物的演化特点

一看到这个题目,人们就会立刻想到猫。的确,由于人类的驯化使野猫变成了家猫。它那柔软的皮毛,娇细的叫声,能捉老鼠的技能,对人百依百顺的态度,着实令人尤其是女性特别喜爱。但在这里我们说的是猫科动物,而不仅仅是猫,如果把猫放大 100 倍,恐怕喜欢它的人就不多,而害怕它的人倒不少了,因为那不再是猫,而变成了一只老虎了。猫、猞猁、豹、虎、狮在动物分类学上它们都属于哺乳食肉目的猫科动物。这些动物的共同特点有:圆脸、脑量大,两眼位于正前方,看物体有立体感,能精确分辨距离的远近;爪尖缩放自如,行走时无声,能爬树(大型动物除外),能游泳,奔跑快(猎豹的速度是陆生动物中最快的)。它们具备了这些特点,在捕食中占据了极大的优势,自然就成为"兽中之王"了。

猫科动物的祖先是出现在老第三纪末期的古猫科动物,再往前寻,新生代初期的祖先是细齿类,与犬科动物同一祖先。古猫科动物演化初期时的体形同现代家猫的体形差不多大,它没有像犬科动物祖先那样走出森林(直到很晚,狮子和猎豹才走出森林),而是向适应森林生活的方向发展:四足末端的爪尖演变得缩放自如(猎豹的爪尖不能缩,这是个例外),行走不缩回,由又厚又大的脚掌肉垫着地,既不磨损爪尖,又行走无声;森林中光线较弱,而开阔地光线又强烈,为了运动中迅速适应光线的变化,就需要调节瞳孔的大小。猫科动物调节能力很强。以猫为例,早晨瞳孔是半张,中午瞳孔眯成一条线,夜晚瞳孔全张。并且由于眼内有一层薄膜对光线的聚集作用极强,使周围环境的微弱光线都会聚集在眼底向外反射,使人看到它们的眼睛发出荧光。眼睛的这种结构使它们在黑暗中也能看清物体,所以能在夜色中狩猎。森林中障碍很多,行走时为减少身体的刮碰,身上的突起部分尽量缩小,如嘴部后缩;嘴边胡子的长度与肩一样宽,胡子碰不到洞口,全身就能通过;耳朵变小;尾巴上仅长短毛等。由于森林中不适于快速奔跑,故它的捕食方法不同于犬科动物靠耐力对猎物穷追不舍,而是用埋伏的方法隐蔽在林中动物饮水的小溪、水池边,等待猎物通过时一跃而上,咬断喉管,杀死猎物。这种捕食方法要有极佳的跳跃性,需要身体柔韧。同学们大概都看过猫伸懒腰,它的背弓得很高,然后腰又拉得很长。这表明猫的脊椎骨之间韧带较松,奔跑时弓起腰来,前后肢能充分的靠近,甚至后肢可以伸到前肢的前面,而当它挺身时,前后肢的距离又能拉得很长,这样跑动时步幅非常大,而且频率也很快,轻而易举就能追上猎物。除了埋伏以外,还采用慢慢接近猎物再突然袭击的方式。这就要求爆发力非常好,弹跳力非常强,由静止转为奔跑的时间也相当短,即加速很快。前面提到了猎豹利爪不能缩回去,其实奔跑时爪尖像跑鞋一样加快了猎豹追击速度,这是猎豹的长期适应偷袭捕食演变的结果。猫科动物的牙齿在进化中比犬科动物小,但上下两对犬齿既坚固又细长。它的下巴和头骨之间的肌肉发达,收缩时极为有力,能够咬断猎物的脖子和骨头。因臼齿(大牙)小,它们不嚼骨头只吃肉,为了能充分地吃肉,舌头上演化出了一层又密又细的倒钩,能把附在骨头上的肉一点点舔光。如果家中有猫,不妨试试让它舔你的手,你会感觉它的舌头像细砂纸一样磨手,可见猫科动物进食要比犬科动物精细。为了隐蔽地接近猎物,身上还有一件"迷彩服",更提高了捕食的成功率。

虽然猫科动物是最强悍凶猛的食肉动物,但也得遵守自然界优胜劣汰的规律。有些不适应自然界变化的猫科动物,最终也是惨遭淘汰。不过总的来说,猫科动物对环境的高度适应使其得到充分的发展。根据猫科动物体形大小、生活环境的不同,它们也分化成不同的种类,如草原上的狮子,森林中的老虎、豹子,平原的猫。

第二章 凤毛麟角——珍稀动物

第一节 寥若晨星——我国珍稀动物

1. 国家之宝——大熊猫

我国是一个动物资源极其丰富的国家。在种类繁多的动物中,有些还是举世公认的珍稀动物。要问在这些举世公认的珍稀动物中哪种动物知名度最高,大家一定会异口同声地说:大熊猫。

大熊猫是一种非常古老的动物,它曾经在地球上分布很广,和凶猛的剑齿象是同时代的动物。后来,地球的气候越来越冷,进入了第四纪冰川时期,许多动植物都被冻死和饿死了,剑齿象就是这个时期绝灭的,可是唯有大熊猫却躲进了食物较多、避风而又与外界隔绝的高山深谷里去,顽强地活了下来。几百万年来许多动物都在不断地进化,与原样相比早已面目全非了,可是熊猫却几乎没有变化,成为动物界的"遗老"和珍贵的"活化石"了。

大熊猫是国家一级保护动物。说起大熊猫,首先要为它正名。有关资料表明,动物学界的人士于1869年才发现大熊猫,大约过了70年,人们才第一次捕捉到大熊猫。1869年,法国的一位传教士戴维来到中国。这年3月,他在四川省宝兴县的一户农民家里看到一张兽皮,这张兽皮上只有黑白两色的毛。10余天后这位农民又捕回一只动物,这只动物的皮与那张皮完全一样,除了四脚、耳朵、眼圈周围是黑色外,其他部位的毛都是白色。戴维就确认它是熊属中的一个新种。此后不久,他在公开自己的新发现时将这种动物定名为黑白熊。

20世纪30年代后期,这种熊的标本在重庆展出,它的中文名字定为"猫熊"。展出时标本的名牌是由左往右写的,写作"猫熊"。但是当时汉字是由上往下直书,写满一列再往左写,参观者拘于习惯,将字从右往左读,于是"猫熊"就被读成了"熊猫"。此后又有一种香烟命名为"熊猫牌"香烟,对"熊猫"的称呼起了推波助澜的作用。由于约定俗成的缘故,我国的动物学家也就把它定名为"熊猫"了。又由于它形体肥大,在"熊猫"二字前面又加了个"大"字,"大熊猫"就成了"官名"。

作为珍稀动物,大熊猫"稀"在哪里呢?

大熊猫独产于我国,在世界上除了我国有野生大熊猫外,只有极少数几个国家的大型动物园里饲养着一两只大熊猫,而这些大熊猫还都是我国作为国礼赠送去的。

从栖息地看,大熊猫主要分布于四川西部和北部的深山密林里。此外,只有陕西、甘肃的个别县境内有零星的大熊猫了。

"物以稀为贵",大熊猫的数量为什么这么稀少呢? 这与它的生活习性和生理特征相关。大熊猫性情孤独,不喜群居,喜欢独处。即便是雌性大熊猫在产仔后,对幼仔也只带领上一年左右的时间,母子也就不再结伴而居了。只有在繁殖期到来时,它们才会去寻找异性伙伴。然而,大熊猫发情期极短,一只成年大熊猫每年也就几天的时间。雄性、雌性大熊猫发情期不尽相同,而它的择偶性又很强,从不随意结交异性伙伴。此外,雌性大熊猫每胎只产一仔或两仔,而它又只具备喂养一个小仔的能力。以上这些因素综合在一起,就使大熊猫极为稀有了。

大熊猫主要栖息在我国的四川西部和北部,以及秦岭南坡,这又是为什么呢? 因为那里是一片深山峡谷,气候湿润、温暖。冬夏平均气温差别不大,冬季的平均气温不低于 -6℃,夏季的平均气温在 14℃ 左右,年降雨量可达 1700 ~ 1800 毫米。随着地势由低向高生长着亚热带、温带、寒带的许多植物。一座高山,由山脚到山巅几乎四季并存。而在海拔 2500 ~ 4000 米的山林里,除了遮阴蔽日的浓密森林外,还夹杂着片片竹林,冷箭竹、大箭竹、拐棍竹、华橘竹等比比皆是,这就为大熊猫提供了充足的食粮和适宜活动、栖息的场所。大熊猫家庭定居于此就顺理成章了。

大熊猫以食竹为主,而且食量惊人,一只大熊猫每天要吃掉 20 ~ 30 千克竹子。但大熊猫吃得多,吸收得并不多,原因是它的消化力差。一只大熊猫每天要用 12 个小时以上的时间忙于进食,有时长达十六七个小时。它肠道短,更不像牛、羊等食草动物那样有复胃,食物很快就通过消化道了。为了维持生存,它只有不停地吃。当然,不停地排泄,也是它的一个特点。有时甚至边吃边拉,边走边拉,走到哪里,拉到哪里。大熊猫以食竹为主,竹笋、竹叶、竹竿都来者不拒。但你不要误认为它是"素食主义者",它也食肉。食竹鼠、羊、猪甚至羊、猪的骨头都是它的美味佳肴。人们在捕猎大熊猫时常常用煮熟的肉或骨头当诱饵,而大熊猫则因为贪吃而成为捕猎者的笼中物。大熊猫不仅喜欢吃竹子,也喜欢喝水,而且一喝就要喝个够,肚子喝得圆滚滚的,以至喝得走不动路,迷迷糊糊地躺在地上,这就是人们说的"醉水"。但是过几个小时,它自己就会醒过来。

大熊猫长的一副温文尔雅的样子,可别误以为它总是这样温文尔雅。一般情况下,无论与食草动物或食肉动物都能和平共处,表现出友善的样子,但是当遇到自己的天敌,如黑熊、豺、豹的时候,它是决不示弱的。处在发情期的雄性熊猫到了一起,一场争夺情侣的大战是不可避免的,甚至在动物园里还发生过大熊猫伤害饲养员的事。

前面说过,熊猫因为形体硕大,人们才称它为大熊猫。然而令人难以置信的是大熊猫刚刚生下来的幼仔并不大,体重仅在 70~180 克之间,一个有经验的饲养员竟难以单纯地从形体上来断定一只雌性熊猫是否怀孕。初生的仔熊猫虽然很小,但它的生长速度并不慢,到一个月时体重达 1500 克,半年时则可达 14 千克左右,而到 1 岁时更重达 35 千克左右,5~6 年达到性成熟期,这时的体重可达 100 多千克。

大熊猫因为其数量的"稀",而显得珍贵,但是更重要的不只在数量"稀",而在其品种"珍"。大熊猫是一种当今动物世界中留存着的极少数原始而又古老的物种,动物学界因此称它为动物中的"活化石"。当时地球上气候湿润,能给大熊猫提供丰富的食物,因而大熊猫的分布面比现在广得多。由于气候的变迁,植被的变化,尤其是人类的农业活动,把大熊猫最终挤到了四川西部的一条高山峡谷之中。然而历经千万年的变化,大熊猫还是幸存下来了,除了形体的变化外,身体内部结构几乎没有变化,而与之同时代的巨齿虎、猛犸等早就从地球上绝迹了。"动物活化石"的美称对于大熊猫来说,那是当之无愧了。正是由于大熊猫无可比拟的珍稀,世界野生动物基金会在 1961 年选定大熊猫作为该基金会的会徽标志。

在 20 世纪 70 年代中期,大熊猫曾经遇到过一次无法抗御的天灾。1975 年至 1976 年,在四川北部地区和甘肃南部一些地区发生了大面积的竹林开花枯萎,以食竹为生的大熊猫由于无竹可食,竟饿死了 130 多只,这件事引起了我国政府和全国人民的密切关注。

为了更好地保护大熊猫,国家划定了 10 余个以熊猫为主要保护对象的自然保护区,其中四川省卧龙自然保护区为最大的保护区。在保护区内还设有大熊猫研究中心和大熊猫饲养站。在研究中心内,除了我国研究大熊猫的专家以外,还有一些外国专家也参加了研究工作。

大熊猫还有不少别名、别号。由于它独产于我国,国外有人称它为华熊;由于它以食竹为主,有人称它为竹熊;由于它毛色以白为主,有人称它为白熊;由于它白色中夹黑,有人称它为花熊。大熊猫是一种现存的古老物种,有人就给它起了"动物活化石"这一别号;大熊猫栖息在深山幽谷的密竹林之中,因而又获得了"竹林隐士"的别号。

大熊猫以其珍贵而稀有获得过不少无可比拟的殊荣:在 1990 年举行的亚运会上,大熊猫被定为大会的吉祥物。1984 年第 23 届奥运会在洛杉矶举行,为了给大会增添隆重、热烈的气氛,洛杉矶市政特地向我国借了一对大熊猫,该市动物园更因此比往年多接待了 100 多万参观者。而参观者大多要排队等上 4 个小时左右,才能与大熊猫见面 3 分钟。1978 年我国赠送给日本的大熊猫兰兰病故,1 亿多人口的日本竟有 3000 万人为大熊猫致哀,日本首相也在哀悼者的行列。这样的事例实在是太多了。世界人民这样珍视大熊猫,作为大熊猫故乡的中国人,更应当无比珍爱我国的国宝——大熊猫。

我国已率先成为世界上第一个成功地在人工饲养条件下使大熊猫产仔的国家,并且不久又成功地首次用人工授精的方法使大熊猫受孕产仔,为大熊猫的繁殖作出了卓越贡献。

2. 并驾齐驱——金丝猴

提起我国动物中的国宝,人们当然也忘不了金丝猴,尤其国外动物界更是如此。因为它也是中国独有、世界无二的一种稀有动物,只产于我国的湖北、陕西、甘肃、四川、云南、贵州的深山密林之中。它全身毛色金黄如丝,非常美丽,形象可爱,圆圆的脸,嘴唇肥大,嘴角有瘤子样的肉鼓起。许多国外动物界人士为了一睹它的"庐山真貌",专程越洋过海来中国考察。

金丝猴这一雅号,顾名思义是源于它那与众不同的金黄色体毛。然而与其独特的形体特征相关的雅号还有两个:它长着一副蓝色的面孔,因此它又被称为蓝面猴;它那蓝色的脸上又长着一只鼻孔朝天翻着的鼻子,所以它又有了一个仰鼻猴的雅号。

金丝猴的体形在猴类中算是粗壮的了。它身高在 70～80 厘米,母猴稍矮些,在 60 厘米左右。体重多在 10 千克以上,雄性的体重可超过 15 千克。它那几乎与身体等长的尾巴,长达 60～80 厘米。它那独具特色、因之而得名的体毛竟长达50~60厘米。

金丝猴的蓝脸孔上长着一对炯炯有神的眼睛。那别有特色、向上翻着的鼻子,鼻梁既小又塌,每当下雨的时候它要不就低着头,要不就用前肢捂着鼻子,或者发挥长尾巴的作用,把尾巴甩过来盖着鼻孔,免得雨水流进去。它的嘴巴圆圆的,长着两片厚嘴唇。雄性金丝猴在嘴的两侧各长着一只肉瘤,这肉瘤随着时间的流逝越长越大,越长越硬。它脑袋两侧长着一对不算大而竖起的耳朵。

金丝猴喜欢栖息在林木茂盛的高山上,主要在树上嬉戏、活动、摘取食物。如果下地活动,那长尾巴就有点碍事了,它们就把长尾巴搭在肩上,这样行动就比较方便了。金丝猴也有垂直迁徙的活动规律。它们的活动范围一般在海拔1500~3500米的高度。它们不怕寒冷,但是冬季也要往海拔较低的地方迁徙,为的是便于觅食。夏季到来时,它们早早地就迁徙到海拔3000米以上的高度,因为它们非常怕热,这与满身的长毛不无关系。

迁徙时猴王义不容辞地走在前面带路,幼猴夹在中间,几只成熟母猴殿后,几只夹在中间照料幼猴。

金丝猴喜欢群居,每群少则十余只,多则上百以至数百只。大家都知道《西游记》中有只猴王叫孙悟空,金丝猴的猴群中也有一只猴王,这只猴王身体壮实,体力充沛,有丰富的生活经验,最重要的是它必须是历次你死我活地争取权力斗争中的获胜者。角斗的冠军宝座,也是猴王的宝座。获得猴王宝座的当然是雄性的金丝猴了,它一副威严的姿态,行走时把尾巴翘得高高的,很有王者风度,臣民们则前呼后拥,以示臣服,王后、王妃也紧随身旁。在金丝猴的家族中,猴王虽然妻妾成群,威风凛凛,但是它的生活并不轻松,它还承担着保卫家族的重任。家族的其他成员在觅食、嬉戏时,它要攀缘到树木的高处,观察有无敌情。一旦发现敌情,它就要向家族成员报警,并带领家族逃离。一群金丝猴只有一只成年强壮公猴,而且必须处在领袖地位,有时也有其他成年公猴,但是必须服从猴王,并不得沾染后妃。幼猴长大了,或者闹分裂,拉出一群猴子建立新家族;或者打倒老猴王,夺取猴王宝座。但是将王位夺到手并不那么容易。

一群金丝猴在某一个季节或一定时期里,总有自己的固定领地,这片领地有两三平方千米的范围,每迁徙到一个地点,它们总要先建立自己的领地。领地确立以后,其他金丝猴家族就不允许入内了。如果其他猴群入侵,领地的原有猴群就会全力以赴地驱赶入侵者。不到迫不得已,决不让出自己的领地。

金丝猴的猴群内部很有温情。例如:热天午睡,母猴总是让幼猴依偎在自己身上;当母亲的还常常把孩子抱在怀里以示亲热;据说有时母猴面临猎人无法逃脱时,它还会给孩子喂上最后几口奶;它们常互相帮助捉虱子、挠痒痒,尤其是母猴更是以此为伺候丈夫的本职工作;天气冷的时候,它们就挤在一起互相取暖。

金丝猴对年迈多病的老猴也很照顾,晚辈决不会因为长辈衰老不能自食其力而嫌弃它。每当老猴病危躺下时,其他猴子便围在老猴身边,周到地进行照料,而且个个都愁眉苦脸,泪眼汪汪显得非常悲伤。猴群转移时,常常可以看到许多金丝猴连背带抬地扶着老猴搬到新的栖息地。所以人们都非常赞扬金丝猴这种尊老爱幼的美德。

金丝猴食性比较广,主要吃素食,树叶、嫩树枝、青竹叶、嫩竹笋、植物浆果都是它们的日常食品,有时它们也会捉野鸟、掏鸟蛋、逮昆虫开开荤。至于吃鲜桃、香蕉,那是动物园中金丝猴的福分,野生的金丝猴是碰不到这种机会的。

金丝猴多在秋季进入发情期,孕期7~8个月,春季产仔,每胎仅产1只仔猴。仔猴刚生下时体毛可不是金色的,而是暗棕色,1个多月以后变黄,然后才逐渐变成金黄色。大约1岁半幼猴才断奶,长到4岁多,幼猴就长成熟了。寿命一般在十七八岁。

科学地说,金丝猴并非全都长着金黄色的毛。因为金丝猴分为不同的亚种,不同的亚种体毛颜色并不一样。金丝猴可分为:(1)普通金丝猴。这种金丝猴毛色金黄,它们主要生活在四川省。(2)黔金丝猴。它的毛色是灰色的,仅两肩间有一块白色的毛,所以动物学家又称它为灰金丝猴,它们主要分布在贵州,四川与贵川相邻处也有一些。(3)滇金丝猴。它的毛色除胸腹和四肢内侧长着白毛外,其他部分都是深灰近黑的颜色,所以又叫黑金丝猴。这种猴在幼小时体毛是近乎白色的,所以当地人也有叫它白猴的。

不同类的金丝猴在体形大小、体毛长度以及食性、结群大小、寿命长短等方面都或多或少也有些区别,这里就不一一介绍了。

有一个很有意思的情况还要介绍一下:金丝猴与大熊猫不仅同为国宝,而且是近邻哩。有金丝猴的地方,常常也有大熊猫,只不过前者灵活地在树上跳来跳去嬉戏、觅食,而后者则缓慢而孤独地在树下活动或觅食,双方互不侵犯,各得其乐。

自古以来人们就对金丝猴那珍贵的皮毛垂涎三尺,有钱人更把它作为炫耀富有的资本,总想用它的皮制成皮衣、皮褥享用,这引起了一些见义忘利者对金丝猴的猎杀,而破坏性的森林砍伐行为,又破坏了金丝猴的生活环境,较大的猴群已经极难见到了。金丝猴越发显得珍稀。我国已将金丝猴列入一级保护动物，并建立了自然保护区，严格禁止捕猎。金丝猴种族的繁盛，将会有光明的前景。

3. 丛林飞将——长臂猿

在动物世界里，类人猿是生物进化的阶梯上最接近于人类的一类动物。类人猿共有四个不同的类别：猩猩、黑猩猩、大猩猩、长臂猿。在这四个类别中，只有长臂猿在我国既有出产，又属于国家一级保护野生动物，其他三种我国不出产，只在动物园中有展出。仅此一点，足见长臂猿的珍稀程度了。

说起长臂猿，人们对它曾有过误解。一是以"猴"为"猿"。这个错误源于唐代著名的大诗人李白。他的一首流传甚广的诗作《早发白帝城》中写道："朝辞白帝彩云间，千里江陵一日还。两岸猿声啼不住，轻舟已过万重山。"其实诗中所提到的"猿"，应当是"猴"而不是"猿"，聪敏的诗人将"猴"误认为"猿"了。因为在李白生活的年代，长江三峡一带的气候比现在暖和不了多少，远没有达到今天云南南部、西部或海南岛那样的暖和程度，还不适宜长臂猿生活。二是将长臂猿的两只长胳膊误认为是贯通的，因而将长臂猿称为通臂猿。武术界模拟长臂猿的灵巧动作，编了一套拳术，就称之为"通臂拳"。动物学界早就通过动物实体解剖证实，长臂猿的两只长胳膊分别连接在胸腔的左右两侧的肩胛骨上，两者并不相连通。"通臂拳"的名称早就广泛流传，我们不必要求武术界改变这种称谓，但我们却不能误以为长臂猿的两臂是互相连通的。

长臂猿最明显的特征就是那两只长臂了。这两只长臂平伸可达 1.6～1.8 米。当长臂猿下地活动时，它的双臂可以触及地面，走起路来相当不方便。但是它极少触及地面，它在空间位置的移动主要靠两条长臂，它的这种活动方式被称之为"臂行法"。在"行走"时长臂猿的两只长臂交互移动，一只胳膊抓住树的枝干向前荡，另一只胳膊抓住前方的另一枝干，再松开一只胳膊向前荡，最远时一次能荡出十多米，真是名副其实的"飞将军"。

长臂猿善"飞"，不只因为胳膊长，更与它的手掌构造相关。它的五指，大拇指短，而其他四指很长。在"飞行"时它不用大拇指，只用其他四指紧握树木的枝条；但当它爬树时，则离不开大拇指了。

长臂猿在树林中"飞"来"飞"去，除了它特殊的身体结构起作用以外，还与它发达的大脑和敏锐的视力紧密相关。发达的大脑和敏锐的视力使长臂猿在

"臂行"中能准确地抓住前方的树枝快速前进,而不会失误。

　　长臂猿不仅能"飞",而且善"歌"。每天清晨,长臂猿都要引吭高歌。通常雌性猿先发出明亮的叫声,继而雄性猿也以洪亮的嗓音应和,接着它们的子女一齐加入合唱。声音很有规律,短声在前,长声在后,越叫越高,直至临结束时声音才减弱,最后以短促的一声结束。长臂猿每日一次的"晨练",长达15分钟左右,歌声远达数千米之外。长臂猿之所以善于高歌,在于它的喉部有发达的喉囊,喉囊极有弹性,可以胀得很大,因而长臂猿能发出很洪亮的叫声。

　　长臂猿的食物以水果为主,有时也吃点植物的花、叶和嫩芽。有趣的是,长臂猿能做到"计划"用餐。它对自己生活范围内的果子,只采食成熟的,把生的留下待以后采摘,从不干出像猴子那样不分生熟、乱摘一气的傻事。

　　长臂猿一胎只产1仔,幼仔5~7岁成熟。对于成熟的子女,它的父母相当无情,不允许再在家庭中生活,而把子女逐出家门,使子女成为浪子。这些浪子们在找到合适的配偶后,再组成新的家庭,建立新的生活领地,继而生男养女,繁荣自己的家庭。一旦有其他猿侵入,它们一家人就会在雄猿的带领下,同仇敌忾,保卫每一寸领地。然而年长的亲戚来访,它们不仅欢迎,允许"长辈"爱抚自己,而且还会允许老猿在它们家安度晚年呢!

　　长臂猿可划分为八九种,生活在我国疆土上的有四种。一种叫白眉长臂猿。它生活在云南西部盈江、腾冲一带的山林中,因为它的眉额处有两条明显的白纹,好似白色的眉毛,所以称它为白眉长臂猿。这种猿在幼年时毛色呈白色,成年后毛色发生变化:雄猿的体毛呈黑褐色或黑色,雌猿的体毛呈金黄色,有的浅一些呈乳白色。这种猿比其他三种长臂猿体形稍大一些,重约10千克。一种叫白掌长臂猿。它主要生活在云南西部的西双版纳大森林中,但数量少得多。它因为不论雌雄,手腕、手背上都长着白毛,因此而得名。但白掌长臂猿的体毛比白眉长臂猿的体毛颜色要复杂得多,不同的个体,体毛差别有时较大,总起来由米黄至浅棕、深棕,直到黑褐、纯褐色。多数白掌长臂猿脸上有一圈白毛,也有少数脸上只有大半圈白毛。它们的体形略小一些,体重一般在八九千克。第三种叫黑冠长臂猿。这种长臂猿因为头顶上长有一片向上直耸的黑色冠毛,因此被称为黑冠长臂猿。这种猿主要生活在海南岛。雄性猿全身体毛都呈黑色,雌性的体毛为棕黄色,但它们的幼仔,体毛都是白色的,因而仅从体毛上难辨雌雄。黑冠长臂猿在体形上比白掌长臂猿略小些,体重在七八千克。第四种是白颊黑冠长臂猿。顾名思义,这种长臂猿除了头顶上有一片向上直耸的黑色冠毛外,双颊上还各有一片长长的白毛。这种猿在毛色与体重上与黑冠长臂猿再无其他明显的区别了。无论哪种长臂猿都没有尾巴。

除我国之外，缅甸、泰国、马来西亚、越南、印尼等地还分布着其他几种长臂猿。

不同种的长臂猿，其寿命差别不大，一般在 20～30 年。饲养在动物园中的长臂猿，由于生活条件较好一些，有饲养员的精心照料，还有周到的医疗保健条件，因而寿命还能长一点。

4. 独领风骚——金钱豹

虎独产于亚洲，狮独产于非洲，而豹则在亚洲、非洲都有，可见豹的分布比较广泛。豹属于哺乳纲，食肉目，猫科，一般栖居在茂密的森林里。豹的形体比狮、虎都小，体力比狮、虎差多了。

豹在动物群中可算是跑得最快的动物之一了。它最高时速可达到 110 多千米。狮的时速只能达到 80 千米。

自然界的豹共有三种：金钱豹、雪豹和云豹。我们通常所说的豹一般指的就是金钱豹。成语中的"窥豹一斑"，"斑"指的就是它的金钱状的毛斑。金钱豹广泛分布于我国各省和自治区：吉林、黑龙江、内蒙古、河北、北京、山西、陕西、河南、甘肃、青海、新疆、西藏、四川、云南、贵州、湖南、湖北、江西、安徽、浙江、福建、广东、广西，都曾有过在那里捕捉到豹的记录。金钱豹的亚种也比较多，主要有三种亚种。有东北亚种，也可称为东北豹，产在长白山、小兴安岭和其他几处山岭。还有一个亚种称为华北豹，主要产于北京的山区、内蒙古、山西、河北等地，西北地区也有它的踪迹。再有一个亚种就是华南豹。华南豹在这三个亚种豹中分布面最广，数量远远超过前面两个亚种豹。它分布在云南、西藏、湖南、广西、江西、四川、贵州等省区。华南豹在 20 世纪 50 年代能有上万只。由于人们对山林的过度开发和捕猎，华南豹的数量已经显著减少。

以上介绍的三个亚种豹，它们都属于金钱豹的范围。

金钱豹的体形与虎相似，金钱豹和虎毛色都是棕黄色，在棕黄色的毛中布满了黑色的斑纹，所不同的是虎的黑斑纹是条形的，而金钱豹的黑斑纹是圆形或椭圆形的，因为斑纹中间不是黑色的，而是棕黄色的，看上去像古时候的铜钱一样，因此得名金钱豹。金钱豹虽然比虎小，但身体强健有力。金钱豹的胸、腹、四脚内侧及尾的底面为白色，尾尖呈黑色。

金钱豹四肢矫健，行动敏捷灵活，善于攀缘，跳跃力极强，并且胆大凶猛，这些特点与虎相似,因此人们常常虎豹并提。

金钱豹的栖息环境多种多样,森林、丛林地带、草原、山区、丘陵地带都有金钱豹的身影。它们或穴居,或在草丛、树丛中栖息。

金钱豹是夜行性动物,它白天隐避在栖息处酣睡,夜间出来活动,在清晨和傍晚也较为活跃。金钱豹虽然体形不大,力气也没有虎大,但能猎捕到鹿等大中型食草动物。它能潜伏在草丛内,隐蔽在树林间伏击过往的动物,也能追踪在食草动物群的后面,借着大自然的掩护悄悄地靠近它们,然后突然袭击。它还能伏在树上,闪电般地主动袭击树下走过的动物。不仅如此,金钱豹还能把它捕到的猎物叼在嘴里,然后蹿到很高的树上,把猎物藏在树杈之间,因为一些豺、狼、虎等是不会爬树的,所以这猎物就由它自己独自享用了,而且是什么时候饿了,什么时候就爬到树上美美地享受一番。金钱豹除了猎捕大型食草动物,如鹿、野兔等为食,也捕食鸟类、猿猴、鼠类、穿山甲等中小型动物,有时也袭击家畜、家禽。

金钱豹一般独来独往,在冬季或春季发情交配期间除外。雌豹孕期98~105天,一般每胎2~3仔,幼豹2~3年后性成熟。

金钱豹和其他种类的豹有时也袭击农舍、家畜、家禽,有时也袭击山野行人,因此豹在人们的印象中是"害兽"。这样一来,人们见了豹子自然就要捕杀。

人们猎取豹的另一个很重要的原因就是,豹的皮毛可以制作大衣和运动衣,其价钱极昂贵,人们把穿上豹皮做的衣服看做是一种华贵的象征,因此一些贪图钱财的人们就千方百计捕杀它,以换取大量钱财。

人们捕杀豹的另一个很重要的原因是用来制药。大家都知道,虎骨酒能治许多病,并且使人延年益寿,深受国内外人们的偏爱。但是虎骨的收购越来越难,于是人们想到了用豹骨代替虎骨来炮制豹骨酒,以代替虎骨酒。

由于这些原因,豹在自然界的存有数量急剧减少。到了20世纪70年代末,豹被我国列为国家三级保护动物,1981年升为国家二级保护动物,1983年又定为国家一级保护动物。豹已经进入了濒危动物行列之中了。前些年国际贸易公约也将豹和豹的所有制成品皮衣、皮裤等,都列入禁止贸易的范围内。这些措施都大大加强了保护豹的力度。

5. 虎中王者——东北虎

虎是亚洲最大的食肉猛兽。人们常称虎为"兽中之王",这也许和虎头上的几条黑色斑纹有关,因为这几条黑色斑纹看起来极像一个"王"字。在过去,人们把这些斑纹看做是老天爷赋予虎的王者头衔,于是虎在人们心中自然而然地成为"兽中之王"。随之而来的是"虎口拔牙"、"虎口脱险"、"虎将"、"虎威"、"不入虎穴焉得虎子"、"老虎屁股摸不得"等有关虎之威风的词语纷纷被人们制造出来,且流传开来。

虎是体形最大、力气超群、最可怕的猫科动物。虎分布于亚洲的许多地区,它的适应能力很强,寒冷的地区能生存,热带地区也能生存。尽管虎生活的自然条件相差很大,在动物分类学上虎还是只有一种。但是由于虎生活的自然条件差异较大,多少年过去了,长期发展的结果造成生活在热带潮湿森林地区的虎与生活在干旱缺水的荒漠地区的虎,或者是生活在北方寒冷冰雪覆盖环境下的虎与生活在南方炎热地区的虎,它们的形态就出现了一些比较明显的差异,而这些差异的产生就使得虎出现了许多亚种。那么根据哪些形态特征的不同来判定亚种呢?简单来说,就是根据它的个体大小、毛色深浅、体毛上斑纹的疏密、体毛的长短、尾巴的粗细等方面作为判定亚种的依据。

在18世纪时,虎的亚种比较多,有东北虎、华南虎、孟加拉虎、东南亚虎、爪哇虎、新疆虎、黑虎等。大约100年之后,爪哇虎、新疆虎、黑虎已经先后绝灭了。生活在中国的有三个亚种虎:东北虎、华南虎、孟加拉虎。这里主要介绍堪称虎中之王的东北虎。

东北虎是体形最大的亚种虎。有人在东北的乌苏里地区捕杀过一头东北虎,体重有384千克,身长竟达410多厘米,耳大身长,可谓虎中老大。这只巨虎也许是人们见到的最大的东北虎了。一般来说,东北虎体长180～350厘米,尾长100～150厘米,体重180～340千克。东北虎头大且圆,眼较大,前额上有数条黑色横纹,中间串通,略似"王"字。它耳短且圆,耳的背面为黑色,中央有一块白色斑块。前脚外侧斑纹比较少,后脚斑纹较多,夏季体毛呈棕黄色,冬季体毛呈淡黄色。背部和体侧有许多条横向排列的比较窄的黑色条纹,通常两条互相靠近,形似柳叶,这是虎区别于其他动物的主要特征。东北虎的腹部和四肢内侧为白色,尾上有10余条黑色环状斑纹,尾尖为黑色,虎皮上的这些斑纹在树林和草丛中可成为极好的保护色。东北虎全身的体毛比其他虎体毛长得多,尾毛也不例外,因此东北虎的尾由于毛长而显得十分丰满,比其他各亚种虎的尾看上去要肥大。

东北虎主要生活在我国东北大兴安岭、长白山及西伯利亚地区。它们没有固定的巢穴,白天在红松为主的针叶、阔叶混合的森林中隐蔽睡觉,或在山崖间卧伏休息,夜间捕食,傍晚和黎明时也很活跃。如果老虎的耳朵转向前方,预示着老虎发现了目标,这是将要进攻猎物的信号。

东北虎猎食的方式基本有两种:一种是在猎物经过的地方隐蔽起来,当猎物路过时,便猛扑过去捕食。另一种方式是在猎物休息或专心取食的时候,虎便悄悄地靠近,当靠近到一定距离时便猛扑过去,这时猎物还没有弄清是怎么一回事,就已经成为东北虎的食物了。

东北虎的犬齿极为发达,长约 6.5 厘米,大而尖锐,上颌最后一枚前臼齿和下颌第一枚臼齿,齿面突起像剪刀那样交叉,称为裂齿,这些特点对它经常食肉极为有利,便于撕裂食物。

别看东北虎在虎中是体形最大的虎,由于它的脊柱关节灵活,走起路来脚爪又能收缩,脚上的肉垫极厚,行动时只有肉垫着地,悄无声息,反应又轻巧迅捷,所以它在捕食的时候常常可以得手。东北虎经常袭击大中型动物,以羚羊、野猪、野兔、鹿等动物为食,有时也吃一些带有酸甜味道的浆果。东北虎食量很大,一顿可食 30 千克左右的肉,一次吃饱后可数日不食。

东北虎大多单独生活,它不会爬树,但喜欢游泳。虎可以算是游泳健将,在所有的猫科动物中,虎最喜欢水。雌虎、雄虎各有自己的领地,它们用吼叫声和留下气味的方法来区分各自的领地和宣告各自的存在。通常气味是指尿液、粪便的气味。它的分泌腺分泌出的气味是相当浓烈的,这种气味一般可保持 3 个星期左右。雌虎、雄虎在发情期间结合在一起,交配以后就分开,它不属于单一配偶制,随合随散,此后又另觅配偶。在野生环境中,老虎的活动范围可以达到 40 平方千米。

在自然界中虎一般 2~3 年生育一次,冬季发情交配,孕期 103~106 天,每胎 2~4 仔。初生虎仔约重 1300 克,7~12 天睁眼,约 20 天长牙,1 个月后即可食肉。母虎与虎仔一起生活 2~3 年,4~5 岁性成熟,寿命 20~25 年。

一般在食物丰富的自然界中,老虎猎食较为容易。它也不会离开山林,更不会向人进攻。在特殊情况下,比如寻找食物很困难,饿得太厉害了,也就是说自然环境受到了破坏,在这种情况下才去接近居民区,盗食家畜和吃人。还有的情况,就是虎本身受了伤,或年纪太大了,奔跑速度受到影响,视力、听觉不灵了,力气也不够大了,那么它猎食的本领也就大大降低了,追不上灵活猎物,如鹿、羚羊、麂等动物,也制服不了像野猪、水牛等大型有力气的捕猎对象,最后迫于难耐的饥饿,不得不去袭击人。人类面对这种情况,自然要团结起来维护自己的生存。人们不容许一只吃人虎危害自己的利益和生命,因此见虎就杀,或者主动进入山林捕杀。人们大量捕杀老虎的结果,使得老虎的数量大大减少。人们又发现了虎的全身都是宝,尤其是它那神奇的药用价值,更加剧了人们对东北虎的猎杀。自然生态被破坏,它的繁殖力又较低,幼仔成活率也低。东北虎的野生种已经濒临灭绝,为此它被国家列为一级保护动物,严禁捕杀。

6. 水中"活化石"——白暨豚

作为陆上动物大熊猫为我国所独有,而作为水中动物的白暨豚也是我国所独有,并且在数量上比大熊猫还要少。说它是"水中国宝",称它为"江中大熊猫"那是一点也不过分的,同样,它也是当之无愧的"国宝"。说它是"活化石",那是由于它本属于古老、原始的鲸类,研究鲸类的演化,它是极为珍贵的活体材料。

白暨豚又叫白旗、白鳍豚。它分布在长江中下游一带,洞庭湖、鄱阳湖及钱塘江也有发现。这些地方水生生物繁多,食物充足,适宜白暨豚生活。

白暨豚体形呈纺锤状,体长1.5~2.5米,它那尖细的嘴长约30厘米。它那与身体浑然一体的脑袋上,长着豆粒大小的一对小眼睛,耳朵退化得更厉害,只有针孔大小的两个耳眼。它的前肢呈鳍状,后脚完全退化。尾鳍扁平状,分为左右两叶。它的上下颌骨上密密地排列着130多颗圆锥状的牙齿,但是它吃东西从不咀嚼,都是整吞,捕猎到小鱼都是整条整条地吞到肚子里,由此可见它那极强的消化能力。成年白暨豚体重可达130~230千克。它通体皮肤细腻光滑,背面浅灰蓝色,腹面白色,那三角形的背鳍与两片胸鳍呈白色。它的鼻孔长圆形,长在头顶的偏左部上方,约30秒将头部伸出水面换一次气。

白暨豚眼睛、耳朵都已经退化得几乎完全失去功能,但这一点儿也不影响它们在浑浊的江水中生活、觅食。原因在于它们体内有一套独特的发声和接受回声的定位组织,其频率都在超声波范围内,其精密程度远远超过现代化的声呐设备。它们识别物体、捕捉猎物、联络同伴、躲避敌害都仰仗这套声呐系统,因此,它们又获得了"活雷达"的雅号。仿生学研究者对它们的这套本领很感兴趣,正在下大力气研究。

白暨豚喜欢群居,大多双双对对地活动、觅食,三五成群的也有。冬末春初是它们的交配期,怀孕期长达1年,每胎仅产1仔,幼仔靠吸食母乳长大。刚问世的幼仔体长达70厘米,体重可达5~7千克。它的寿命可达30年。

白暨豚有着相当发达的大脑,大脑的表面积大,沟回复杂,因而很聪明,专家认为它比长臂猿、黑猩猩还聪明。尤其有意思的是它的大脑两半球轮流工作、休息，因此白鱀豚在睡觉时也照样游动不误。

1980年1月12日在洞庭湖口的城陵矶附近，我国首次捕捉到一只活的白鱀豚，这一重大新闻迅速传遍全国，传遍全世界，动物学家们以极大的热情关注着这一重大新闻。我国的动物学家给其命名为"淇淇"。1982年12月初，江苏省镇江市的渔民在该市谏壁镇附近的江面上又捕捉到一只白鱀豚，江苏省淡水水产研究所将其放入该所的养殖试验场的养殖池内饲养，取名"江江"。可惜由于这只白鱀豚是被滚钩捕获的，终因伤重难治，不久就死了。1986年3月31日又捕捉到一只活的白鱀豚，取名"珍珍"。

白鱀豚数量极少，属于濒危动物，而且濒危度还有日益加剧的趋势，应当引起我们的高度重视。为此，学术界曾不止一次发出呼吁，但捕杀白鱀豚的事仍未禁绝。让我们共同努力，为保护白鱀豚，保护所有的珍稀、濒危动物做出努力。

7. 抗寒勇士——白唇鹿

白唇鹿，顾名思义，它的嘴唇是白色的，所以称它为白唇鹿。其实这一说法又似准非准的，因为白唇鹿不只嘴唇是白色的，上至鼻端两侧，下至下颌都是白色的。白唇鹿的别名较多。它常活动于高山的悬崖峭壁上，因而又叫岩鹿。它的体毛夏季呈黄色，因此又被称为黄鹿。它唇部的白色，上及鼻端两侧，又有人称它为白鼻鹿。

白唇鹿在鹿类家族中虽算不上首席巨人，但也称得上壮汉了。它形体高大，肩高1.3米左右，体长1.5米左右，有的可达2米以上，体重130千克以上，有过250千克以上的纪录。

白唇鹿体毛粗而硬，呈灰褐色，头部、腹部颜色较浅，臀部有浅黄色的毛斑。它们在初夏开始脱落冬毛，盛夏时又长出新的体毛。有意思的是它们的体毛粗而硬，但都是空心的。这样的体毛正适合抵御冬季-35℃的严寒，而在春夏季节又有发挥类似救生衣的作用，可以泅渡过水面。

雄性白唇鹿头上长着一对硬角，从基部至尖端多在1米以上，有过长达1.4米的纪录。每只角一般有四五个叉，也有多达八九个叉的。白唇鹿的角，每年4月份长出新茸，新茸的外层上包着皮肤，皮肤上长着细绒毛，因为包在外层的皮肤内有丰富的血管，看上去呈灰褐色，显得很醒目。到七八月份，新茸完全长成,到 9 月则全都骨化为干角,至第二年 3 月干角脱落,4 月又继续长新茸。与长长的鹿角相映成趣的是它那几乎被粗心人忽视的尾巴,它的尾巴短得只有三四厘米,最长的也不超过 15 厘米。

白唇鹿是名副其实的"抗寒勇士"。它只栖息在我国青藏高原海拔 3500 ~ 5000 米的高山上,多数时间活动在 4000 米上下的范围内。但是当夏季到来时,它抗不住 15℃ 左右的"高温",就上升到海拔 5000 米左右的地方去"避暑"。高原地区空气很稀薄,但大自然给它造就的那只发达的大鼻子,使得它能悠闲自在地生活。白唇鹿的栖息地除了"高"之外,还必须是草甸地带、灌木丛林地带、针叶林地带或次生灌木丛林地带,高山裸岩带它是不去的。俗话说"民以食为天",鹿也不例外,高山裸岩地带缺少它所需要的食品,它当然不能生活在那里。为了觅食,随着食源的变化,它常常作垂直迁徙,哪里水草丰美,它就往哪里去。它的食物不下百种植物,但是蒿草类、针茅类植物是它最喜欢吃的食物,因为这些东西的含氮量较高。

白唇鹿喜欢结群生活,每群少至三五只,多至数十只不等,只有当交配季节到来时,才有超过百只的大的结群。一般情况下鹿群由母鹿带队,但是真正的领袖还是离它们不很远、保护着它们不受侵犯的那只强壮的公鹿。白唇鹿一般性格温驯,即使几只公鹿在一起也能和平相处。但是到了交配季节,公鹿为了争夺配偶,免不了要争斗一番。得胜的公鹿凭着强壮的体格,总是妻妾成群,而且它会尽力保护自己的妻妾,不允许其他公鹿占有自己的妻妾。白唇鹿的发情期在 9 ~ 11 月间,孕期大约 8 个月,每胎仅产 1 只仔鹿,哺乳期约 4 个月,幼鹿 3 ~ 4 岁才发育成熟。公鹿在发育成熟前,一直生活在母亲的身边;成熟后再独立生活,去组织新的家庭。但是刚成熟的年轻公鹿,大多不是壮年公鹿的对手,一般难以在短期内组成自己的新家庭。白唇鹿的寿命大多在 20 年左右。

白唇鹿有一些有意思的习性,在夏季它常常泥浴。泥浴既可以帮助解除燥热,又可以防止虫子的叮咬,对它们颇有益处。白唇鹿还喜欢吃一点带咸味的食物。牧人们常常就利用这一点,在牧场上撒点盐,以此诱来白唇鹿,馋嘴的白唇鹿有时就因此被捕获。

白唇鹿胆小而机警,又生活在那种特殊的环境中,想捕到它是相当困难的,因而动物园里也不多见。为了加快白唇鹿的繁殖,近年来我国已经进行人工饲养繁殖。但是由于白唇鹿的生活习性所限,这些饲养场只能建在青藏高原上。

白唇鹿与梅花鹿一样,全身都是宝。鹿茸、鹿鞭、鹿盘、鹿胎,无一不是名贵的滋补佳品,其中尤以鹿茸广为人知。

我国已把白唇鹿列为一类保护动物,严禁随意猎捕。

8. 鹿中极品——梅花鹿

提起梅花鹿,似乎不大容易让人与"珍稀"这个概念联系起来,对于青少年来说尤其如此。参观动物园,大多能见到梅花鹿;逛公园,常见到公园里有动物展览,在展览地点也不难见到梅花鹿。既然梅花鹿不难见到,谈何"珍稀"?说梅花鹿珍贵,还算不难理解,因为它全身都是宝,它的鹿茸尤为珍贵;说它稀少,似乎就难以让人接受了,因为与事实好似不大符合。这里有一定程度的误会,我们说梅花鹿珍稀,是指野生的梅花鹿而言,大家在动物园、公园看到的是人工驯养的梅花鹿。现在野生的梅花鹿,确实是不多见了。

从分布范围来看,野生的梅花鹿在我国分布得比较广,东北、华北、华东、中南地区都曾有过梅花鹿栖息地,或者说都曾经有过梅花鹿。但华北的梅花鹿已经绝迹;在华东,仅江西彭泽县的桃花岭,估计还有百头左右;原来产鹿数量较多的东北、中南,野生梅花鹿的数量也少得可怜了。幸而20世纪70年代初,在四川、甘肃的交界处又发现了一群野生梅花鹿,但数量也只在一二百头。这样说,对梅花鹿的珍稀程度就有了具体认识。

梅花鹿体格不算魁伟,体长在120～150厘米之间,尾长约15厘米,体重80～100千克。头部尖圆,面部呈较长的近似梯形状,有一对大而圆的眼睛和不太长的耳朵。雄鹿头上长着一对分着4个叉的角,眉叉不长,但主干较长,可达40～50厘米,第二个叉离眉叉较远,主干末端分成两叉。梅花鹿的四肢细而长,有利于快速奔跑。它的体毛颜色不固定,春夏季略浅些,秋冬季深些,基本色调为棕色。背部有显著的白色毛斑。有意思的是这些白色毛斑排列比较规则,近乎成纵行分布。梅花鹿背脊上有一条黑色背毛,而腹部则是一片白色皮毛。

梅花鹿栖居于针阔叶林的边缘地带或山地的大片草原地带,但具体地点不固定。不同的季节,它们的栖息地点也不一样。夏季多在林阴中栖息,冬季则寻找朝阳避风的山坡栖息。梅花鹿的活动时间多在早晨和傍晚,一边觅食,一边嬉戏。它们的食物多为青草、树叶、苔藓,或者树木的嫩枝、嫩芽。梅花鹿很机警,它的嗅觉、听觉都很敏锐,在觅食时它们多迎风而立,这样便于嗅到敌兽的气味,以便采取自卫行动或逃跑。一旦听到响动,它们就停止觅食和嬉戏,静听动静,如果确认有敌情,就立即迅速奔逃。

平时,母鹿与未成年幼鹿结群生活,公鹿则单独居住,但到了发情期公鹿便回到鹿群与母鹿合群。梅花鹿的发情期在 8 ~ 11 月,进入发情期的公鹿,再也不像平时那样温文尔雅,性情变得粗暴起来,不仅常常大声鸣叫,遇到情敌总要斗个你死我活,不分胜负,决不甘休,格斗用的武器就是那已经骨化的鹿角。获胜的一方即可妻妾成群,对这些妻妾,它是不允许第三者插足的,只有一种情况例外,那就是第三者比它强大。偶尔也有在交配季节末期,强壮的公鹿因疲惫而无力赶走第三者,有被第三者乘虚而入的情况。梅花鹿的孕期220 ~ 240 天,每胎一般产 1 只仔鹿,偶有产 2 仔的。梅花鹿的哺乳期3 ~ 4 个月。仔鹿一生出落地,即能站起来找母亲吮奶,2 ~ 3 岁性成熟。成熟的公鹿一般就离群活动,准备成家立业了。幼仔的体毛较成年鹿的体毛颜色浅,但白色毛斑清晰可见。

野生梅花鹿在朝鲜、越南也有少量存在。我国动物园中供观赏的梅花鹿多为经人工驯养的野生梅花鹿的后代,真正直接捕自野外的,极为个别。

梅花鹿的珍贵,与它满身是宝密切相关,尤其是那享誉全球的鹿茸。在医药界,只有 4 种鹿的茸被认为有药用价值。这 4 种就是梅花鹿、马鹿、水鹿、白唇鹿。梅花鹿的鹿茸被称为“黄茸”,是鹿茸中品位、等级最高的。鹿茸有补虚、健体、强筋骨的功效。每年春季,雄鹿头上会长出一对嫩角,外部包着带有茸毛的皮肤,其中血管很丰富,血液循环很旺盛,用手触摸有温热感。这对角长到两个月时割下来就是名贵的鹿茸,过期不割,就会逐渐骨化,变化鹿角。鹿角也是一种中药,但药用价值比起鹿茸就差得多了。除了鹿茸以外,梅花鹿的鹿胎、鹿鞭、鹿筋、鹿血、鹿尾都有药用功能。鹿肉能壮体,鹿皮能制成名贵的鹿革,有很高的经济价值,不过现在用以制药、制革的原料,都来自人工饲养的梅花鹿。真正的野生梅花鹿,已被列为国家一级保护动物,严格禁止捕猎,更不允许捕杀。为了野生梅花鹿的繁殖,国家也已划定了一些野生梅花鹿的自然保护区。

9. 鸟类明珠——朱鹮

朱鹮,在动物分类学上位于脊椎动物亚门,鸟纲,鹮科。

朱鹮又称朱鹭、红鹤。

朱鹮是世界公认的濒危鸟类。据文献记载,朱鹮曾广泛分布在亚洲东部。俄罗斯的南部,中国的东北、长江下游、秦岭及日本诸岛,都有过朱鹮的踪迹。自20 世纪 30 年代起人类大量捕杀,使之变为自己的美味佳肴;再加上栖息地的树木被人类滥采和砍伐;还有一些动物如豹猫、青鼬、猛禽等经常捕食它们,使得朱鹮的种群数量急剧下降,分布区域明显缩小。到了 20 世纪 50 年代,朱鹮基本绝迹了。到了 1982 年 8 月为止,日本只剩下 2 只,我国的野生种仅有 7 只。这 7 只朱鹮的发现有一段复杂经历。中国科学院动物研究所组织了一个调查小组,从 1978 年秋季开始,前后用了 3 年的时间踏遍了万水千山,克服了重重困难,行程 5 万余千米,历经辽宁、安徽、江苏、浙江、陕西、甘肃、山东、河南、河北九省,终于在 1981 年 5 月 23 日和 5 月 30 日,在陕西省秦岭南坡洋县的金家河山谷和距离金家河 2 千米的姚家沟一带海拔 1200~1400 米的山林中发现了尚存的朱鹮营巢地。金家河有一对成鸟,4 枚卵,但育雏没有成功,姚家沟的巢中发现 3 只幼鸟。这证明朱鹮在我国不但没有绝迹,而且还有繁衍后代的能力,说明拯救这种珍鸟免于绝种有了希望。

朱鹮自从被发现以后,世界各国的动物学家们把保存朱鹮的希望寄托到了中国。中国科学院动物研究所的同志们就在姚家沟建立了一个"秦岭一号朱鹮群体观察站",在朱鹮栖息的青桐林畔搭了观察棚。他们 24 小时值班,日夜用望远镜及其他仪器观察、记录朱鹮的全部生活情况,研究朱鹮的生活习性,为以后朱鹮数量的增加提供了宝贵的信息。

朱鹮的幼鸟羽毛颜色发灰色,随着幼鸟的长大,羽毛颜色逐渐变为白色。

朱鹮是一种美丽的中型鸟类,称为东方鸟类明珠。它体形较为肥硕。远远望去,朱鹮的体羽为白色,走近观看,全身雪白体羽中的羽干、羽基、翅膀边缘的飞羽都略带淡淡的粉红色,初级飞羽为鲜艳的粉红色,闪烁着晚霞般的光辉。它的额顶和面颊都裸露无毛,且为朱红色。长长的喙略向下方弯曲,为黑色,喙尖为朱红色。后枕部有十几根冠羽,冠羽呈柳叶,形长而下披,触及到后背部,别有一番俏丽的风味。它的腿和脚都为橘红色,和它头部的朱红色遥相呼应。朱鹮的虹膜也呈淡红色。朱鹮的全身色彩基调为红色,有深有浅,恰似化妆师精心装扮的披着头纱的新娘,真是吉祥、喜庆之鸟。

朱鹮身长 60~80 厘米,体重 1.5~2 千克,为中等体形的涉禽。

朱鹮栖息在沼泽、水田、河滩、溪流附近,多为群体活动。互相之间团结友爱,和睦相处,夜晚在高高的大树上栖宿过夜。朱鹮休息的时候,常呈"金鸡独立"的姿势,并且转动它那长度适中的颈部把喙插入背部的羽毛中,盘头养神,此时好像在向人们展示它那美丽的冠羽。朱鹮只有在白天才共同外出觅食,它们主要到水田、河溪、沼泽地中以鱼、虾、泥鳅、青蛙以及软体动物为食。它尤其喜欢吃泥鳅。

在每年的早春二月,朱鹮成双成对飞回繁殖地,要做的第一件事就是占领地盘,然后选择高大的树木,如高大的白杨树、松树、栗树、青冈树,在距离地面10~20米的粗树枝上,早出晚归,叼材建巢。在建巢的过程中,它们经常遭到邻居,比如喜鹊等其他鸟类的捣乱。喜鹊经常把朱鹮刚刚叼来的巢材抽走,常常使得朱鹮还没有来得及把巢建好,雌朱鹮就已迫不及待地把第一枚卵产下来了。它们只好一边产卵,一边补建巢穴,一直到所有的卵都孵化成雏鸟为止。

朱鹮一般每窝产卵2~4枚,每年产1窝。卵呈青绿色或蓝灰色,上面带有褐色的斑点。卵似鸭蛋大小,每枚重60~75克。雌鸟、雄鸟轮流共同孵卵,经过近1个月的孵化,小朱鹮一个个出世了。幼雏绒羽为淡灰色,腿呈橘红色。幼雏为晚成鸟,不能独立生活,必须由双亲进行育雏。人们观察到小朱鹮的亲鸟将稻田里的泥鳅,水中的小鱼、青蛙、甲壳类动物以及昆虫,吞进食道的夹袋里,制成半流食,再飞回巢边。喂食时,亲鸟把嘴张开,先让最先出壳的雏鸟把喙伸进夹袋里捣食,然后再给第二个出壳的雏鸟喂食,然后是第三只……当雏鸟吃饱的时候,它们就会把头低下。亲鸟每次喂食都严格按照这个顺序进行。如果一窝雏鸟数量较多,有4只左右,那么轮到最后一只雏鸟吃食的时候,亲鸟夹袋里的食物已经被前面的雏鸟吃光了。这样下来,后面的雏鸟因为没有食物吃,身体会逐渐瘦弱下来,最后被弃之巢外。所以一般情况下,根据亲鸟的喂养能力,喂养2只雏鸟是理想的,喂养3只就吃力了。

在"秦岭一号朱鹮群体观察站",1981年人们就发现1窝3只雏鸟中的"小三"因为吃不上食物,身体瘦弱,最后被弃之巢外。1985年1窝4只雏鸟中的"小四"也遭到遗弃。这种现象又一次证明了自然界中自然淘汰的残酷现实。

后来人们一旦发现了朱鹮有弱雏在挣扎,就立即从巢中取出,送往北京动物园,由人工精心饲养。遇到有弃之巢外的幼雏,也同样处理。

雏鸟由于进食半消化的食物,因此长得很快,大约1个月就能长大,可离巢觅食。1~2年性成熟,寿命20~30年。

朱鹮为世界最濒危的鸟类之一,列为我国一级保护珍禽。1983年在陕西省洋县建立了朱鹮自然保护区。

10. 稀世珍禽——黄腹角雉

黄腹角雉,在分类学上位于脊椎动物亚门,鸟纲,雉科,角雉属。

角雉在全世界共有5种,有分布在西藏西南部、克什米尔地区的黑头角雉;有分布在西藏南部、喜马拉雅山北坡和尼泊尔、印度北部、不丹地区的红胸角雉;有分布在西藏东南部、不丹东部和印度阿萨姆地区的灰腹角雉;有分布在西藏东南部、云南北部、四川、甘肃、陕西、湖北及湖南等山地的红腹角雉;还有分布在我国东部亚热带高山森林里,如福建、广东、广西、浙江及湖南等地,海拔相对较低的地区曾经发现过的黄腹角雉。这些年只有在广西东北部的海洋山脉和苗儿山一带发现少数黄腹角雉。

这5种角雉都属于角雉属,角雉最主要的特征有三点。第一点:雄鸟头上具有身体冠羽。第二点:两眼上方各有肉质的角状突起,所以角雉又叫做"角鸡"。第三点:喉下围着一个肉质的"围裙",叫做"肉裙",也叫"肉裾"。这些肉角和肉裙平时体积很小,收缩着,到了繁殖期,这些肉角和肉裙都会膨胀竖展起来,色彩非常艳丽,以达到吸引雌雉,并与雌雉交配的目的。

这里主要介绍黄腹角雉。黄腹角雉为我国所特有,体形比家鸡略大,体长约60厘米,尾长20~23厘米,体重约2.5千克。雌雄雉羽毛颜色不同,雄雉羽毛色彩极其华丽。头顶前面为黑色,后面为橙红色的冠羽。冠羽下面隐藏着一对长约20厘米的翠蓝色肉质角,喉下长着一个橙黄色的肉质裙。身上的羽毛大部分为栗红色,其间点缀着许多卵圆形的黄色斑块。圆形斑块的周围镶着黑色的边。身体下部呈皮黄色。因此得名黄腹角雉。雄雉的尾为棕黄色,尾的尖端布有黑色的横带,尾部为圆形。

雌雉个体稍小于雄雉。上体羽毛主要呈棕灰褐色,其间散布有形状不规则的黑褐色或白色的斑纹。雌雉的肉角没有发育,也没有肉裙,还没有冠羽。雌雉的体色显然不如雄雉华丽。

黄腹角雉生活在海拔800~1400米的亚热带常绿阔叶林、落叶阔叶林和针叶林的混交林内。经常在流水的沟谷中、灌木丛林中觅食。主要吃植物的嫩叶、花、浆果、种子,也吃昆虫。到了秋季和冬季主要吃青冈的种子、交让木的叶子和果实。这些树木数量极少,只生长在人迹罕见的高山地区,因此就决定了黄腹角雉生存范围狭小,数量也就极少了。所以黄腹角雉这种我国独有的珍禽被定为国家一级保护动物,也是世界濒危物种。

3月中旬黄腹角雉开始发情,在发情求偶期间,雄鸟常在清晨时发出短暂的、激烈的、好像婴儿啼哭的声音。这声音实际上是求偶的鸣叫声。在人们听来,这声音不怎么好听,可是对于雌鸟来说,却是非常美妙的声音。与此同时,雄鸟在雌鸟面前上下起伏,它那位于头部后方的冠羽不断竖起,抖动它那暗蓝色的肉角,以引起对方的注意。雄的黄腹角雉平时肉裾比较小,不显眼,到了发情求偶期就变得颜色特别鲜艳,翠蓝色的条纹纵横交错在充血膨胀的肉裙上。

那条纹远看似繁体的"寿"字,故有人又称其为"寿鸡"。这肉裙交替舒缩,突然充血膨胀展开,下垂在胸前,一边抖动,一边鸣唱,直到它面前的雌鸟满意为止。

黄腹角雉的巢筑在高大的树干上。它的巢非常简陋,雌鸟把枯树枝等较细的枝条,用腹部压成一个浅浅的窝,这就是它的巢穴。4月初产卵,卵的大小比鸡蛋稍大,为棕土色,其间分散有褐色的细点。产卵时不是一次都产出,而是隔日产1枚卵,平均每窝2~4枚,每年产1窝。

孵卵的任务由雌鸟担任。雌鸟在孵卵期间非常认真负责,每天只离开巢1个小时左右外出觅食。有时遇到天气不好,或下雨,雌鸟可以1~2天不离巢,它用自己的身体或张开双翅把雨水挡住,以保持卵的温度。一般情况下,孵化期为28天左右。刚出壳的雏鸟身体表面布满了棕褐色的绒羽,在出壳的当天,雏鸟即可扇动它那幼小的双翅,这说明雏鸟的翅羽成熟得很快。雏鸟出壳之后,亲鸟对它还是百般地爱护,一直用身体给雏鸟保暖,一直到第三天的清晨,雌鸟才带着雏鸟从巢中飞落地面,雏鸟跟随雌鸟到处寻觅食物。幼鸟生长发育较为缓慢,一般两年以后才能发育为成鸟。

由于黄腹角雉飞行能力差,行动缓慢,反应迟缓,易被天敌捕食,故又称"呆鸡"。加上它生存的环境范围狭窄,数量本来就稀少,再加上它的生态环境被破坏,繁殖能力差,性成熟时间长,人为的捕猎等等因素,黄腹角雉现已成为濒危物种,被列为我国一级保护鸟类。1975年在黄腹角雉的原产地浙江省泰顺县乌岩岭建立了自然保护区,并于1987年首次人工繁殖成功。1986年又在广西建立了西岭岗自然保护区。1988~1989年又在北京师范大学内人工饲养并繁殖出幼鸟,1990年又进行人工控制光照促使发情提前的实验,同样获得成功。

11. 高原神鹰——黑颈鹤

提起鹤,人们就会想到仙鹤,想到松鹤图、松鹤延年,想到诗人以鹤为题材的诗:"昔人已乘黄鹤去,此地空余黄鹤楼。黄鹤一去不复返,白云千载空悠悠。"这些都足以说明鹤是深得人们赞美的。

早在4000万年前的始新世,地球上就已有了鹤类,比人类的出现早得多。当时,地球上的鹤类有300多种。随着地球的变迁,生态环境的破坏,目前世界上剩下的鹤类已经不多了。中国拥有的鹤类都属于国家重点保护动物,它们分别是:丹顶鹤、白鹤、灰鹤、黑颈鹤、赤颈鹤、白头鹤、白枕鹤、蓑羽鹤、加拿大鹤。

在我国黑龙江扎龙有一个世界上少有的"鹤乡"——鹤类自然保护区。在这个保护区内活动着6种鹤类,有丹顶鹤、白头鹤、白枕鹤、蓑羽鹤、白鹤和灰鹤。这些鹤类在这里筑巢搭窝,生儿育女,不断增加儿孙的数量。

鹤类栖息于浅水之中,它们在水中站立睡觉时,常常将一条腿弯曲着收起来,将头埋在双翅之间,挡住露水和寒冷,或就地而卧。

鹤类气管的下端盘绕曲折,且随着年龄的增长而逐渐长大,盘成的圈也是增多的。

鹤类鸣叫起来声音高亢且洪亮,这主要是由于它们体内的气管长到已经进入胸骨内的原因造成的。古人用"鹤鸣九皋,声闻于天"来形容鹤的鸣声高亢、洪亮。

下面介绍黑颈鹤。

黑颈鹤在分类学上位于脊椎动物亚门,鸟纲,鹤科。

黑颈鹤为大型涉禽,是我国特有的珍贵鹤类,又是世界上唯一的高原鹤类。

黑颈鹤是1876年在我国的青海湖被一位探险家发现的。

说它是大型鹤,是因为它身高120~140厘米,体长约120厘米,翅阔而强大,翅长约57厘米,体重6~8千克。

黑颈鹤体羽大部分灰白色且发亮。有时背部偶有黑色或灰色的羽毛,头顶部裸露无羽的地方为朱红色,头、颈、尾、初级和次级飞羽均为黑色。蜡黄色的长喙直且稍稍偏扁。一对黑色的长脚,好像穿上一双黑色的高筒袜。因为它的颈部油黑发亮,故名为黑颈鹤。

黑颈鹤是世界上唯一的高原鹤。它主要生活在高山草甸、高原湖泊区以及沼泽和芦苇沼泽地区。每年3月中旬至4月中旬,黑颈鹤群陆续由越冬地区西藏的东南部、四川南部、云南和贵州的西部迁徙,到青海省、西藏南部和四川北部的繁殖区进行繁殖。这时,这里的水生动植物为黑颈鹤提供了丰富、充足的食物来源。这样的生活环境为黑颈鹤进入繁殖期创造了良好的生活条件。

进入繁殖期的鹤成对生活,它们在纷纷把幼鹤赶走之后,就开始筑巢。一般5月份产卵,每窝产卵2枚,卵呈绿灰色或橄榄灰色,其间散布着红褐色的斑点。雌雄鹤轮流趴窝孵卵。6月中间雏鸟出壳,雏鸟平均体重128克,棕色绒毛,红色的喙。雏鸟之间不团结,经常打架。亲鸟对雏鸟非常疼爱,耐心地照料和护理。亲鸟到处捕捉一些小动物,比如小昆虫、蚂蚁、蜂、蝇等喂给雏鸟吃。亲鸟不管外出觅食距离有多远,也总是把捉到的小动物叼回来,喂给雏鸟吃。雏鸟3~5年性成熟,一般寿命50多年。

黑颈鹤在趴窝孵卵期非常尽职尽责,不管天气如何变化,它们都趴在窝里一动不动,任凭风吹雨打,以保持窝里的温度。

黑颈鹤对于气候的变化非常敏感,它们的不同鸣叫声,预示着不同的气候。人们根据清晨时它的鸣声,就可以预先知道这一天的气象是阴还是晴,所以它还有一美称——"神鸟"。有时在黑颈鹤的繁殖期,气候发生变化,有汛情,它能将繁殖期提前 1 个月,在汛期到来之前把幼鹤带到安全地带。

到了 8 月,亲鹤带领幼鹤开始练习飞行。到了秋天,黑颈鹤带着自己的孩子,排成一定的队形,飞到遥远的南方去过冬。

黑颈鹤的生活环境严酷,它们反抗天敌、保护幼雏的能力不强,幼雏的死亡率很高,种群的数量得不到发展。每年 9~10 月份黑颈鹤们南迁的时候,幼鹤的数量少得可怜。黑颈鹤目前野生的种群数量很稀少,是世界罕见的珍禽。国际鸟类红皮书和濒危物种公约都把它列为急需挽救的濒危物种。我国将它列为一级保护动物。1984 年在云南省的纳帕海建立了黑颈鹤的自然保护区。

1987 年 6 月 26 日,北京动物园通过人工授精,繁殖黑颈鹤成功,而且打破了每窝产卵 2 枚的纪录,使一只雌鹤产下了 7 枚卵。这一科研成果,为增加黑颈鹤的种群数量作出了贡献。

12. 中华土龙——扬子鳄

扬子鳄在分类学上位于脊椎动物亚门,爬行纲,鼍科。

扬子鳄又名鼍,或称土龙、猪婆龙。身长两米左右,分为头、颈、躯干、四肢和尾。全身皮肤革制化,覆盖着革制甲片,腹部的甲片较高。背部呈暗褐色或墨黄色,腹部为灰色,尾部长而侧扁,有灰黑或灰黄相间手术纹。它的尾是自卫和攻击敌人的武器,在水中还起到推动身体前进的作用。四肢较短而有力。它的一对前肢和一对后肢有明显的区别:前肢有五趾,趾间无蹼;后肢有四趾,趾间有蹼。这些结构特点既适于它在水中生活,也适于在陆地生活。

扬子鳄的吻短而纯圆,吻的前端生有一对鼻孔。鼻孔有瓣膜,可开可闭。眼为全黑色,且有眼睑和膜,所以扬子鳄的眼睛可张开,可合闭。

扬子鳄是水陆两栖的爬行动物,喜欢栖息在人烟稀少的河流、湖泊、水塘之中。它大多在夜间活动、觅食,主要吃一些小动物,如鱼、虾、鼠类、河蚌和小鸟等。它忍受饥饿的能力很强,能连续几个月不进食。

人们常常用"鳄鱼的眼泪"来比喻那些假惺惺的人。因为人们看到扬子鳄在进食的时候常常是流着眼泪在吃一些小动物,好像是不忍心把这些小动物吃掉似的。那么扬子鳄流眼泪是怎么回事呢？它的眼泪并不是出于怜悯，而是由于它体内多余的盐分主要是通过一个特殊的腺体来排泄的，而这个腺体恰好位于它的眼睛旁边，使人们误认为这个腺体分泌的带有盐分的液体就是它的眼泪。当它进食的时候，腺体恰好在分泌带盐分的液体，所以人们常常认为它是在假惺惺地怜悯这些小动物。

扬子鳄有冬眠的习性，因为它所在的栖息地冬季较寒冷，使得它只好躲到洞中冬眠。它用以冬眠的洞有些不一般，洞穴距地面两米深，洞内构造复杂，有洞口、洞道、卧室、卧台、水潭、气筒等。卧台是扬子鳄躺着的地方，在最寒冷的季节，卧台上的温度也有 10℃ 左右，它在这样高级的洞内冬眠，肯定是非常舒适的。

刚刚从冬眠中苏醒过来的扬子鳄，首先要全力以赴去觅食，这时洞外已经是暮春时节了。过不多久，体力充分恢复后的扬子鳄，雌雄之间开始发出不同的求偶叫声，在百米之外可听到雄鳄洪亮的叫声和雌鳄较为低沉的叫声。它们以呼叫声作为信号，逐渐靠拢，聚合到一起。扬子鳄在水中交配，体内受精。到了 7 月初，雌鳄开始用杂草、枯枝和泥土在合适的地方建筑圆形的巢穴供产卵，每巢产卵 10～30 枚。卵为灰白色，比鸡蛋略大。卵上面覆盖着厚草，此时已是夏季最炎热的时候了，很快，部分巢材和厚草在阳光照射下腐烂发酵，并散发出热量，鳄卵正是利用这种热量和阳光的热能来进行孵化。在孵化期内母鳄经常来到巢旁守卫，大约两个月的时间，母鳄在巢边听到仔鳄的叫声后，会马上扒开盖在仔鳄身体上面的厚草等，帮助仔鳄爬出巢穴，并把它们引到水池内。仔鳄体表有橘红色的横纹，色泽非常鲜艳，与成鳄体色有明显的不同。

需要说明的是，在扬子鳄的群体中，雄性为少数，雌性为绝对多数。

第二节　濒临绝迹——世界珍稀动物

1. 智商超人——黑猩猩

猩猩是哺乳动物里最高等的种类，人们把它们称作"类人猿"。现在世界上有四种猩猩，黑猩猩是其中最聪明的一种，主要分布在非洲的中部和西部。头部较圆，眉骨高耸，眼睛深陷，耳朵大而且向两侧直立起来，鼻子小，嘴巴突出，唇长而薄，没有颊囊，手脚粗大，臂比腿还要长，没有尾巴。全身除了面部外，都披着乌黑的毛。炎热而潮湿的非洲热带丛林是它们栖居的地方。它们成群地在树上筑巢而住,居住很简单,并经常迁移,黑夜在巢里睡,白天外出觅食。喜欢吃野果、野菜、谷物,也吃荤,地上爬的蜥蜴、昆虫,天上的飞鸟及鸟蛋等都吃。能活到 30 岁左右。

黑猩猩的脑和面部的肌肉很发达,能做出喜、怒、哀、乐的表情和复杂多样的行为。它还善于用前肢做出各种动作和手势,来表达它的感情和思想,还能学会使用简单的工具。由于黑猩猩和人类有着很近的亲缘关系,仔细研究它们的生活状况,有助于推测古人类的行为和生活的一些特点。因此长期以来,科学家对它们进行了大量的研究。

20 世纪初,科学家把黑猩猩看成是理想的实验动物,用它们做过大量的医学解剖和动物心理实验。它们总是很驯服地进行配合,特别是从小养大的黑猩猩更是这样。美国耶基斯灵长类生物实验室的海斯及其丈夫抱来一只小黑猩猩进行饲养,起名为"维琪",让它和同龄儿童一起生活。经过训练,它能模仿主人教给它的许多动作和表情,像扬眉毛表示注意到了,摸摸鼻子表示友好,拍手表示高兴等等。它还学会了使用锤子、锯子等工具,能把木条钉起来,把木块锯开。它还挺爱劳动,用吸尘器清扫地毯,开罐头,换灯泡,给客人送香烟也不会灼痛人的手指。主人还教会它说"爸爸"、"妈妈"、"起来"、"杯子"等几个英语单词。它还每天和主人同桌吃饭,会使用刀叉和汤匙。

有的科学家还做了这样的实验:在一间空房子里的天花板上高高地挂了一串香蕉,墙边放了几只大小不等的空木箱,把饲养的黑猩猩放进屋里,观察它怎样取食香蕉。开始只见它在地上站起来一次次地向空中比划,为够不着香蕉而焦急。后来当它发现有木箱后就搬了一只放在香蕉下方,站上去还是够不着,于是再搬来一只叠着放上去,终于够到了喜爱的香蕉。还有的实验是:放一张断裂散开的小凳,再摆上铁锤、小钉和木板等东西,黑猩猩居然能把小凳修理好,站在上面玩耍。

黑猩猩有没有学习的能力呢? 科学家做了许多实验,说明它们能够学会使用符号语言和手势来表达简单的意思,还可以用不同颜色和形状的塑料板拼出"苹果"、"香蕉"、"水桶"、"放入"等词组成的句子。有一只叫萨拉赫的黑猩猩经过训练,能按照用塑料板拼成的句子准确地把苹果放进桶里,把香蕉放到盘子里。20 世纪 80 年代,美国亚特兰大市岳克斯灵长类研究所举行了一场轰动一时的考试,参试的是两只经过训练的黑猩猩山姆和奥斯汀。它俩分别坐在两间与外界隔绝的计算机房间里,只见屏幕上依次显示一个个它们学过的象形文字:香蕉、苹果、杯子等等,要求每显示一个文字图像就按一下标有"食物"或"用具"的按钮,把这些象形文字题加以归类。结果17道题的考试,奥斯汀全对,山姆错了一题。这个实验说明黑猩猩已经有了极简单的归纳能力。

上面这些事例都是在实验室或动物园里进行的,虽然很有价值,但还不能完整地、真实地反映出黑猩猩在大自然里的本来面目。要想真正了解黑猩猩的心理状态和各种行为,包括萌芽状态的原始的劳动情况,就只有到野外去考察黑猩猩。由于黑猩猩生活在赤道附近的非洲森林里,那里猛兽活动频繁,气候恶劣,荒无人烟,所以极少有人去做这项艰苦的事情。19世纪末,一位叫嘉纳的探险家第一个踏进西非加蓬的热带雨林。他在那里建造了一个大铁笼子,自己住在里边,经过连续112个昼夜的观察,几只胆子大的黑猩猩只是在很远处张望一下就溜走了,他除了听到猩猩们吼叫的声音以外,什么也没得到。

大约过了30年,美国佛罗里达州耶基斯灵长类生物研究所派尼森到西非考察黑猩猩。他到了那里,采用极为隐蔽的方式,悄悄地接近黑猩猩,从远处用望远镜观察到了它们觅食、筑巢等方面的一些情况,但时间很短,只有两个多月就结束了,只能说是极为肤浅的调查了。到了20世纪60年代初,一些科学家在非洲中部、东部等三个地点建立了探索野黑猩猩的基地。

密林里的黑猩猩通常是成群外出活动,有时一大群竟有四五十只,平时只是三五只一家成员在一起,是母亲和它的子女。小黑猩猩只认其母,不认其父,作为父亲的公黑猩猩是游离于这种家庭之外的,毫不承担一家人的任何义务。黑猩猩最爱吃的是香蕉等水果,淡季里水果少了,也吃昆虫等动物。非洲森林里白蚁极多,筑有高高的蚁巢。黑猩猩常常来到巢前用指头把蚁巢捅一个洞,找来一根草棍或树枝,轻轻地塞进洞里,待棍上爬满白蚁后,立即拉出来放到嘴里,把白蚁一个个舔着吃掉。草根、树枝断了就修整一下,或换一根新的,继续"钓"白蚁吃。黑猩猩还会用枝条或麦秆抠鼻子,用树棍擦去身上的泥土或拉屎后擦拭屁股,有时候身上碰破了,还会采来一种树叶贴在伤口上,止住血流。在干旱的季节里,黑猩猩口渴得找不到水喝,会把嚼过的一团树叶当做"海绵"一样,用来吸取树洞里残存的水。黑猩猩也不总是吃素和小昆虫,它们还会集体行动围捕一些狒狒、羚羊、小野猪等动物。当抓获猎物后,总是由占有者撕下一部分兽肉分给大家吃。

黑猩猩之间是怎样交流和沟通思想的呢?通常当两群黑猩猩久别重逢的时候,总是互相发出大声的喊叫,或者互相搂抱亲吻。它们能够发出许多不同的声音来表达感情,但更经常依靠的是动作姿势和丰富的脸部表情。例如,当一只黑猩猩捕获野兽后,别的黑猩猩就会伸出手来讨着要;如果同伴里哪一个过于急躁,甚至发起脾气来,别的黑猩猩就会把手搁在它肩上,好像是劝慰它别激动发火。

最有意思的是,野生黑猩猩群体间有严格的等级制度,有一只公的作"首领",其他所有成员都要看它的眼色行事。只要它一来到跟前就给它让路,"俯首称臣"。同时也需要看看"皇后"的态度怎样,即使在它们求爱时也有这样的等级,而在日常生活中从不会有例外。当一个二等黑猩猩和三等黑猩猩同时发现一个香蕉时,二等黑猩猩就有优先享用权。当你看到两只黑猩猩坐着互相捉虱子的时候,这表明它俩是同一等级的好朋友。其实这并不是在捉虱子,而是互相挑去毛下的小块干皮,梳理粘在一起的毛。如果一个低一等级的黑猩猩要想升级加入高一等级时,它往往先用吓唬同级猩猩的办法,捡起一根粗树棒,勇猛地挥舞着,发出可怕的声音,把同伙一一赶跑,然后再想办法挨近高一等级的黑猩猩。如果它发现一只高一级黑猩猩坐在那里,它就走过去先伸出一只胳膊,脸上做出痛苦而又可怜的表情。而那只高一级的黑猩猩往往一开始并不理睬它,好像根本没有看见它似的。于是下等黑猩猩显得非常气恼,使劲地把胳膊伸得又近一些。但是那只高等黑猩猩仍无动于衷,好像是考验这个下等黑猩猩的诚意和耐心。这么僵持了一段时间,高等黑猩猩才抬起头来看了看伸过来的胳膊,用手指头只轻轻地碰了碰下等黑猩猩的手指,算是友好地接受了入伙者的请求。这时候下等黑猩猩激动万分,立即扑向高等黑猩猩的怀抱,于是高等黑猩猩就给它捉虱子,表示地位的平等,于是一只黑猩猩升级的仪式就算结束了。

在野外除了深入到黑猩猩的"社会"里进行观察研究外,科学家们还做了一些比实验室和动物园更为有意义的实验。长期以来,科学家训练黑猩猩说话的实验总是不能成功,野外的实验教它们做手势动作,取得了意想不到的效果。一只名叫渥索的年幼母猩猩经过学习,很快就能够做"请"、"早安"、"再见"等动作,几个月后它竟掌握了400多个"示意动作",能用手比划一大堆事情,简直和聋哑人的手语不相上下了。手势学得多了,渥索还能触类旁通。当它学会了一个表示"开着的门"的手势后,还能继续做出没有教过的"开着的窗"、"开着的抽屉"等许多"开着的事物",这说明黑猩猩的手势动作还具有表达概念和联想等思维的功能。这是有史以来类人猿研究的最大发现。后来渥索结了婚,生了一个小宝贝。科学家又继续教小猩猩做手势动作,这样渥索和它的孩子居然能互相用手势交谈了,奇怪的是还能表达一些比较抽象的概念。例如,让它们用笔画画,居然能用不同色彩画出人们无法理解的"抽象画"来。一次,那只小黑猩猩在纸上画了两个倒着的"V"形,顶端由一个圆圈相连。当研究人员用手势问它画的是什么时,它用手势回答"一只鸟"。哦,真有意思,两个倒"V"原来代表了鸟的两个翅膀,一个圆圈则代表了鸟的身体。黑猩猩画出了有内容的画。

2. 埃及神兽——狒狒

4000多年前的古埃及人已经开垦了富饶的尼罗河流域。当地的山野里有一种动物,头很大,嘴巴很长,脸的两颊以上直至肩背部长着像雄狮般的直立长毛,从背后看像是个披着蓑衣的老者,人们叫它"蓑狒",因为它头大,很像狗,又叫它"狗头猿"。埃及人很早就把这种狒狒当狗一样驯养来看门或让它们上树采摘鲜果。由于狒狒很聪明,四肢灵活能爬树上房,比狗能干多了,所以古埃及人尊称它为"神兽"。

狒狒和众多的猴是一个类别的动物,因为它分布在非洲东北部和亚洲西部的阿拉伯地区,所以都叫它"阿拉伯狒狒"。雄狒狒个子比雌狒狒大得多,一般身长70~75厘米,站立时身高1.2米左右。雌狒狒头小,嘴巴短,头两侧和肩上的毛也短,看起来很像猕猴。狒狒身上的毛都是灰褐色,脸上没有毛,是淡淡的粉红色。它的四肢发达粗壮,尾巴细长,犬齿特别强大,既能咬坚硬的多汁植物的茎、叶和根,又善于捕捉昆虫和小动物。狒狒生活的环境比较差,大多是半荒漠地带、树木稀少的石头山上,爬山本领很大,崎岖陡峭的高岩都能飞快地爬上去,爬树则算是平常的事了。狒狒也很善于适应新的环境,改变自己的饮食习惯。津巴布韦大学的动物学家约翰·菲尔柏斯发现,在非洲南部卡里巴湖中的小岛上生活着一群狒狒,当它们找不到习惯吃的水果和植物的茎、根、叶时,也会上树捕捉小鸟充饥。原本这里是没有湖的,只是在多年前修水坝、建水库时,才出现了水面,又有了鱼类的繁殖。偶然的机会,狒狒从水边捡到了几条蹦上岸来的小鱼,它们试着撕下鱼肉一尝,还挺鲜嫩可口。以后它们就常到水边守着,看看有没有鱼跳上来。当然这样的机会是难得的,于是狒狒开始下水捕鱼了。当它们发现集体下水围捕收获最大时,就纷纷跳到岸边浅水里,用前肢兜着捉鱼吃,不仅有效还挺有乐趣。狒狒也是群居的,几十只甚至几百只一大群,由一只体格强壮的雄狒狒当头领。狒狒虽然性情凶横,但从小饲养驯化后,也很温和,善解人意。

3. 高山之王——雪豹

雪豹是豹的一种,又称艾叶豹、打马热、荷叶豹。雪豹的生活环境不像金钱豹那样广泛,它终年生活在高原地区,也就是生活在高山雪线一带,因其所处的生活环境而得名。雪豹产于中亚的高山地带,我国主要产地是青藏高原、新疆、甘肃、内蒙古等地。雪豹原本应该生活在高山雪线以上,但是在冬季雪线以上雪豹难以觅食,因此也会下到雪线以下有人烟的地带觅食,一般在海拔 1800 ~ 3000 米的地方。到了夏季,为了追逐各种高山动物,比如岩羊、北山羊、盘羊等高原动物,又上升到海拔 3000 ~ 6000 米的高山上。

在五六千米高的崇山峻岭中,没有树林,也没有低矮的植物,雪豹大多生活在空旷地带,并且多岩石、岩缝的地形中,它的体色恰恰也就适应了这样的生活环境。雪豹体表为灰白色,略微显出一些浅灰和淡青色,体表上还有许多不显眼和不规则的黑色斑点、圈纹,显得华丽珍贵。雪豹的体色是动物学家所公认的猫科动物之中最美丽的一种。正是由于雪豹的这种体色与周围的环境特别协调,即使白天从它身边经过,也不易发觉,因此雪豹便于隐蔽猎食,这也是人们很难捕猎到雪豹的一个重要原因。

雪豹体形大小与豹相似,但头比豹稍小,体长 1.3 米左右。雪豹与普通豹除了毛色不同外,最大的特点是它的尾又粗又长,其长度约 1 米,几乎与身体差不多长了。它的尾毛蓬松而肥大。雪豹体毛比普通豹毛长,腹部的毛最长,背部的毛虽然比腹部的毛要短,但也有 6 厘米长。雪豹的体毛长且密又柔软,这也是雪豹极其耐寒的重要原因。

雪豹属于岩栖性动物。它多栖息在高山的岩洞或岩石缝间,有固定的巢穴,而且居住数年不换,以至身上落下的毛在窝内铺得厚厚的。雪豹夜间活动多成对栖息,黄昏、黎明时也很活跃。白天在洞穴内,不外出,人们很难见到它,因此也很难捕到它。生活在高山上的雪豹,凶猛、机警和敏捷的程度连金钱豹也比不上。它的弹跳能力极强,三四米高的岩石,雪豹跳上去就像是走平地一样,十几米宽的山涧不在话下,可一跃而过,因此有"高山之王"的美称。

雪豹两岁多时性成熟,二三月间发情,五六月间产仔,怀孕期为 95 ~ 105 天。一胎通常 2 仔或 3 仔。雪豹的寿命一般为 20 年左右。

雪豹是稀有的动物。我国已把雪豹列为国家一级保护动物。

4. 性情通人——海豚

经常出海远航的船员们,常常发现这样的情况:船体周围有一群动物追随着它前进,边游动边跳跃嬉戏,这种动物个头儿不大,但游泳速度可不慢,它就是鲸类家族中的小老弟——聪明的海豚。

海豚,体形像鱼,嘴部细而长,上下颌长有尖细的牙齿,身体瘦而长。在流线型身体的背部,长着镰刀状的背鳍。背部灰黑色,腹部白色,腹部靠近头的地方长着一对胸鳍。别看它的嘴吻长,口内有那么多牙齿,可是它却不能咀嚼食物,只是以小鱼、小虾、乌贼等为食。

海豚生活在温暖的近海水域,几乎遍布于温暖海域中。它们喜欢群居,一群海豚少至十余头,多至数百头。它们没有固定的发情交配季节。当雄海豚发现中意的情侣后,会长时间地尾随这只雌海豚,在漫游中逐渐靠近,进而用胸鳍摩挲对方,直到对方发出信号,表示接受恋爱,然后进入交配阶段。海豚的孕期约9个月,1胎只产1个幼仔,但幼仔体格惊人,其体长约相当于成年海豚的1/2,但体重只相当于成年海豚的1/7到1/6。幼仔生下后,由母亲陪伴着它。在喂奶时,母亲侧身卧在水中,幼仔紧靠着母亲吮吸乳汁。刚生下的幼仔不到1小时就吃1次奶,但是过不了多久就每天只吃几次奶了,哺乳期大约1年。由于海豚是群居性动物,当了妈妈的海豚常常采取"值班制"来保护幼仔,即每次由一只当了妈妈的海豚来照看一群幼仔,其余的妈妈们到远处去采食。

海豚的大脑很发达,是一种高智能海洋动物。它的大脑表面积大,沟回复杂。有的专家认为它的智能超过猿类,其重要依据之一就在于海豚的脑容量大于猿类。经过训练的海豚,能够在较短时间内学会敲钟、扔球、吹喇叭、钻火圈的本领。据记载,海豚不仅会模仿猫狗的叫声,还会说出一些简单的英语单词。海豚的这些本领,都源于它有发达的大脑。

海豚是一种性情温良、敏感、爱嬉戏、好奇、喜欢交际的动物。在一个群落中,如果有一只海豚有了伤病,它的伙伴们就会悉心照料它。它们的伙伴遇难时,立刻就有同伴游上去,把受伤的伙伴托起来,使同伴获得呼吸新鲜空气的机会。

海豚的善良不只表现在救助同类,还表现在多次救助过人类。在近代航海史上,多次记载过它们救助人类的事件。1972年曾有过海豚游出100多海里,把一名落水妇女托救至岸边的事。甚至还有一次海船沉没,乘客落入海中,适逢有鲨鱼在落海者附近,而一群海豚恰好游经乘客落水处,海豚就兵分两路,一部分勇斗鲨鱼,一部分把落水者保护起来。据动物学家研究证实,海豚的救助行为是一种本能的表现:同伴有难,群体救助;遭遇天敌,如鲨鱼、逆戟鲸,则群起而奋力攻击。而推物出水更属本能,在海中遇到木块、气垫等物,也会将其推出水面。

海豚有时也爱找海龟游戏。它们常常成群游到海龟的身子底下,用又尖又硬的鼻子一顶就把海龟推上了水面,然后把海龟翻转过去,让它仰面朝天。有时候一群海豚同时跃出水面,一齐压向海龟,把它压到水下好几米,不等海龟恢复平静,又有几个海豚来逗着海龟玩。海龟没有办法,只好把头和四肢都缩进了龟壳。海豚开了这样的玩笑,自己却飞快地游走了。

海豚有一种发射和接收超声波的能力。它们凭着这种能力,能够准确辨别障碍物或猎物的位置;能够与自己的同类互相联系;在求爱时,雄海豚也能凭此与失去联系的雌海豚接上关系。海豚发出的超声波,频率范围极为宽广。在发射超声波时,头部的气囊发出频率高低不同的声音,前颚的两个角度气囊随着头部的摆动,向不同方向定向发射。而接收超声波时则有所分工,耳朵接收低频率声波,颚部接收高频率声波。正是由于它有这种高超的发射和接收超声波的本领,因而它在海洋中高速游动时,也不会碰上障碍物。它的这种避碰的本领,又使得它常能为海轮导航,使海轮避免触礁。

我们称海豚为"人类的朋友",不只因为它曾救助过海上遇难的人们,曾为海轮忠实地执行过导航任务,还因为它能友好地与人类相处。根据资料记载,海豚喜欢音乐,尤其喜欢七弦琴的琴声,当海船上有人用七弦琴弹奏乐曲时,它能应声而来,靠近船身游来游去。有一次,一群小朋友们在浅海岸边嬉戏,一只海豚闻声而来,和小朋友们一起嬉戏,高兴时还把小朋友们玩的水球顶起来,表演托球的技巧。从那以后,这只海豚每天都来和孩子们游戏,甚至一名叫贝克的小女孩骑到它背上,它还友善地驮着贝克在海上游一圈。有的海滨浴场还有经过训练的海豚专门执行陪同游客游玩的任务,甚至它们还能潜入水底为游客们找回丢落到海底的物品。至于表演一些节目,那当然不在话下了。有些人亲眼目睹过这种表演,更多的人通过电视欣赏过许多精彩的表演。

海豚的肉可以食用,皮可以用来制革,脂肪可以炼油。它更被当做观赏动物饲养在动物园里供人们欣赏。而专家们则倾心于对它的生活习性、生理特征进行观察和研究。有一位叫克莱默的科学家,在一次航行中观察到海豚有异乎寻常的追随海轮高速游泳的本领,后来经过研究发现,海豚的真皮层里的毛细血管对船体造成的湍流有消振功能,而它的皮肤在海水的压力下又能分泌油状的润滑黏液,减小摩擦力。克莱默从这一发现中大受启发,进而运用仿生学原理制造了人造海豚皮,将人造海豚皮套在鱼雷和潜艇的表面,大大提高了鱼雷和潜艇的航速。后来又将这种仿生技术用在飞机上,飞机也因而提高了飞行速度。

海豚可以分成许多类,如白海豚、侏河海豚、短吻海豚等等,分布在我国东南部、南部沿海一带以及东南亚海域。中华白海豚是白海豚的一个亚种。我国已将它划定为一类重点保护动物。

5.庞然大物——蓝鲸

自从地球上出现了生物之后,最大的要算是恐龙了,可是后来就消失了,现在人们只能在博物馆里看到它的骨化石了。那么现在地球上最大的动物是什么呢？也许你会说是大象。不过,无论是个头还是体重,冠军应该是蓝鲸。

鲸不是鱼,是水里的哺乳动物。原来,它们的祖先大约在6000万年前是生活在陆地上的,有四条腿。随着自然条件的变迁,陆地沉入海洋,它们被迫在水中生活。长期的进化,身体便慢慢地适应水中生活而起了变化,前肢退化成鳍,后肢只留下一点点痕迹了,整个身体变成了像鱼似的适于游水的形状,简直可称得上游泳和潜水好手了。鲸的家族也不少,可以分为须鲸和齿鲸两大类。可爱的海豚就是齿鲸,嘴里有牙齿没有须,身体也小得多。

蓝鲸是须鲸里最大的。蓝鲸寿命长,可以活到100多岁。蓝鲸的身体像一把长长的剃刀,所以也叫它剃刀鲸。它的背鳍很小,在体背的后部稍稍隆起一片；尾巴扁平而宽大,是游泳前进的动力,也是在水中起伏的升降舵。它的嘴巴很大,能吞下一艘不小的船。它嘴里长着800多条角质的须板,像大木梳样,当吞下了一大口海水和鱼虾后,把大嘴闭上,海水排走了,无数鱼虾就被须板挡在嘴里吞下肚子。这一口非同小可,足有一两吨可口的鱼虾呢！

鲸是靠肺呼吸的。蓝鲸的肺大,肺活量真惊人,吸一口气,肺里可以装上15000升空气,这样便于它在水下待的时间长一些。鲸的头顶上有两个外鼻孔,呼气时从鼻孔里喷出10多米高的雾珠状水柱,像喷泉一样,很是壮观。它的胸腹部有好几百条褶沟,这是因为这些褶皱可以像手风琴那样伸大缩小,使它在水里吃起食物来很方便。食物和海水一起吞进肚子往往有几十吨,便可以立即把肚子撑大；当它闭上嘴巴把水从须板间压出后,肚子又可以马上缩小了。蓝鲸全身蓝灰色,背上还有许多斑点状花纹。它分布甚广,从北极至南极的海洋中都有。

蓝鲸谈恋爱和交配一般选在春暖花开、气候回暖的季节,雄雌蓝鲸成双成对地游到浅海区,互相追逐、嬉戏、求爱、交配。雌鲸生小鲸是很有趣的。人们爱到墨西哥的加利福尼亚半岛的浅海区来观看这生动的场面。由于水浅,墨西哥炽热的太阳能把海水晒得暖洋洋的。每年生殖期间,大群蓝鲸由雄鲸带队,雌鲸紧跟其后游到这里。这是因为即将出生的小鲸脂肪少,怕冷的缘故。雌鲸分娩时,肚子朝上仰浮在海面上,雄鲸一步不离地守在旁边,用自己的鳍轻轻地、不停地拍打雌鲸的大肚子。经过一番阵痛,一头白白胖胖的幼鲸生了下米。幼鲸一出生,它的爸爸妈妈立即亲切地游过来,紧紧地把它夹在中间,将它轻轻地托出水面两三次。这是训练初生鲸学习呼吸哩!小家伙在父母指导下很快学会了游泳和换气,又活泼又调皮地玩耍起来。当它看见附近人们划动的橡皮艇,就会欢快地游过去嬉闹一番,可能是它把小艇当成小伙伴了。这时候鲸妈妈就会发疯似的冲过去,摇动尾鳍,阻止自己的孩子惹是生非。如果坐在橡皮艇上的游客过于大胆地靠近刚出生的幼鲸,很容易被发怒的鲸爸爸、鲸妈妈兴风作浪,直到把小艇掀翻。

小蓝鲸吃奶要七八个月呢!乳头长在母鲸身后下方生殖孔旁,共有一对,便于幼鲸在游动中或左或右地吮吸乳汁。断奶后小蓝鲸仍亲密地跟随在鲸妈妈身边,大约60个月后,也就是5年时间,它才长大"成人"过起独立生活。这时候,小蓝鲸便告别鲸妈妈,游到更加广阔的大洋中去"成家立业"了。

蓝鲸虽然庞大无比,但性情很温顺,加上它全身是宝,占体重27%的脂肪是提炼工业生产用的高规格润滑油的原料;肝脏含有大量维生素 A、D,用来制造营养丰富的鱼肝油;鲸肉鲜美,可以制作食品罐头和动物用高级饲料;皮可制革;骨可做高效有机肥料;鲸须又是制作高级工艺品的贵重原料。因此,它就成为人类捕猎的重要对象,数量正在急剧减少。

为了保护这地球上最大的珍贵动物,保护生态环境,我们应该动员各国人民反对滥捕滥杀这可爱的鲸。

6. 陆上"巨人"——亚洲象

现存的陆上动物中,个体最大的莫过于象了,无怪乎人们在看到象时,总要在"象"字前面加个"大"字,称之为"大象"。象可以分为两类,一类是亚洲象,一类是非洲象。在我国云南省西双版纳原始森林中栖息着的象就是亚洲象。

亚洲象在形体上比非洲象小一点。它肩高 250 ~ 350 厘米，体长 550 ~ 650 厘米，尾长 120 ~ 150 厘米，体重约 5000 千克。刚生出来的幼象肩高就达 100 厘米左右，体重将近 100 千克。其体色为灰褐色，皮肤上有极稀疏的体毛，毛色与皮肤又很接近，以至于有人误以为象身上没有毛。亚洲象身上最明显的就是那条又粗又长而又灵活的鼻子。象鼻子与象的上唇连成一体，找不出明显的分界。这条长鼻子的功能很多，用以呼吸空气就不用说了。亚洲象渴了，就用它的鼻子吸水，水流被鼻子灌进嘴里，再被吞咽到身体内。当它淋浴时，它同样先把水吸进鼻子里，然后再把水喷淋到身上。在觅食时，亚洲象也是用它那灵便的鼻子把食物卷住，再送进嘴里。母象在生下幼象时，它用鼻子帮助幼象站立。它的鼻端长着一个指状的突起，借此亚洲象能从地下捡起一根细小的针。当它发怒时，还会用鼻子抽打对方。经过训练的亚洲象，还会用鼻子运重物。动物园中经过训练的亚洲象，还能用鼻子表演摇铃、吹口琴等许多节目。令人不可思议的是这条看上去软乎乎的长鼻子，有时竟能向上直竖起来，这时，它能嗅出两千米远的各种气味。亚洲象长着一对蒲扇似的大耳朵，常常扇来扇去，那是为了散热，或者是为了驱赶蚊蝇。雄象还长着一对长长的象牙，这对象牙是由长在上颚上的门齿发展起来的。其长度可达两米左右，每支可重达五六十千克。但是雌象不长象牙。在这一点上，它与非洲象不一样。雄性的非洲象长象牙，雌性的也长象牙。亚洲象的前额上长着两大块隆起的肉瘤，其最高点正好位于头的顶部，这两块肉瘤被称为"智慧瘤"。非洲象就没有这种智慧瘤。亚洲象长着 4 条粗壮的大腿，每条腿的周长都有 1 米多，如果 4 条腿不是这么粗壮，怎么能支撑起 5000 千克左右的身体呢？这 4 条腿每天几乎 24 小时全都支撑着它那沉重的身体，因为它是站着睡觉的。亚洲象站着睡觉，是一种自卫的本能。如果它躺下睡觉，一旦遇到敌害，那笨重的身躯无法做出即时的反应，岂不是糟糕透了？

亚洲象的食物主要是青草、树叶、芭蕉、野果和树木的嫩枝。但是对于坚硬的食物它也来者不拒，因为它长着 4 颗可以磨碎粗硬食物的臼齿。它的食量很大，一天要吃掉 100 多千克食物，而且它又有边吃边走的习惯，这就使得它不可能有固定的栖息地。它每天边吃边走，一天往往要走几十千米的路程。水也是亚洲象每天必不可少的，仅仅喝一次水，就需要 60 多千克，更何况它还喜欢洗澡，通过洗澡达到解热消暑、恢复体力、驱赶蚊蝇的目的。说到洗澡，不能不提到亚洲象的泥浴。亚洲象常常在泥水中沐浴，让泥水浸入皮肤的裂纹中，上岸晒干后再抖掉泥块,这样皮肤裂缝中的寄生虫也就随之被抖掉了。亚洲象离不开水,还在于它喜欢游泳,几乎每天都要在水中游几个小时。游泳既清洁了身体,又免去了粗腿的沉重负担,当然还能解热消暑,真是一举数得的美事。

亚洲象每天活动的时间大多在早晨和傍晚,在月光朗照的夜晚它也会出来活动。中午,它就避开高温,站着午休。即使在休息时,它的耳朵仍在不停地扇动,尾巴也不停地甩来甩去,为的是驱赶蚊蝇之类。

亚洲象喜欢结群活动,小群五六头,大群二十头左右,一个象群就是一个小的"母系社会"。这个"社会"由一头壮大的母象充当领袖,其他几头就是成年母象、未成年的幼象以及唯一的一头已经成年的公象。幼象中有几只公象那是无所谓的。在这个"社会"里,"女皇"具有绝对的权威,象群的行动路线、觅食地点、行止时间都由"女皇"决定,那头成年的公象只是个警卫员的角色。象群行动时,"女皇"在前面领着,其余的象在后面跟随,成年公象在最后担任警卫。停下来吃食或睡眠时,成年公象远远地在一边呆着,一旦有敌害,它就要奋不顾身地冲上去保卫群体。只有当交配期到来时,成年公象才被允许加入群体。

象的生育能力较低,一只象从落地到具备生育能力需要 15 年以上的时间,而母象每隔 3～4 年才能生一只小象。象的发情期不很固定,在 10 月到 11 月间发情的较多一些。亚洲象平时很温驯,但是到了发情期的公象却一反常态,常常暴怒,毁物伤人。饲养在动物园中的公象处在发情期时,对一贯友好相处的饲养员也会毫不客气地进行攻击。为了安全,饲养员只能用粗铁链将它锁起来。公象发情的标志是两颊流出分泌物,所以动物园中的饲养员只要一发现公象两颊流出分泌物,就毫不犹豫地把它锁起来,待到发情期结束才给它自由活动的机会。母象的孕期长达 21～22 个月,每胎产 1 只仔象。产下的仔象如果不能立即站起来,它的母亲或其他母象就会用鼻子帮它站起来,因为如果仔象不站立起来,它那约 90 千克的体重会挤破嫩弱的肺部。仔象出生后,象群一般要停下来等待两三天,以便幼象能够具备跟上群体活动的能力。幼象的哺乳期约 2 年。大约 15 年,幼象就长成熟了。

小象开始进入成熟期的标志之一就是长出了门齿。10 岁左右,公象开始长门齿,这时它们就开始与同性打斗了。在不停地打斗中,青年公象各自明白了自己的实力,也知道了此后在群体中的地位,以后吃、喝、走路以至交配就各自按自己的身份行事了。到 15 岁左右,青年公象就得离开群体去独立生活了,直到找到自己的伴侣才又有了自己的群体。当然,它的地位仍然只是一个"警卫员"而已。

亚洲象性情温和,一般不会去伤害其他动物,即使是当敌人入侵时,它也只是先以巨声吼叫来吓唬敌人。如果敌人不识相,继续入侵,它就会用那100多千克重的大鼻子甩打敌人,或者用脚去踢,有时也会用它那雄伟的躯体去冲击,直到把敌人赶走为止。

亚洲象对自己的同伴很讲友爱。象群中哪只母象生仔了,它们就会给予照料;哪只象生病了或者受伤了,别的象就会跑过来用鼻子搀扶它,使它不致倒下;在寻找新的生活场所的路上,哪只象走不动了,同伴也会过来用鼻子架着它走。如果某一只象死去了,伙伴们更是悲痛万分,它们不吃不喝,流着悲伤的眼泪,发出哀痛的吼叫,哀嚎声传到几千米以外。然而有一种情况例外,象群对于老年公象却意外的无情,老年公象只能游离于群体之外,过着孤独的生活,群体也不会照顾它。这时的老公象性格会变得很古怪,对其他动物和人类常常发动攻击。

亚洲象的记忆力很强,对于爱抚过它的人,即使隔了很长时间,它也会表现得很友好。动物园中管理亚洲象的饲养员调离之后许多年,当他再回到原来的亚洲象身边时,那只象立即会辨认出来,并且激动不已。但是对于伤害过它的人,它也会牢牢地记住。

亚洲象不只分布在我国云南,印度、缅甸、马来西亚、印度尼西亚等国家也分布着亚洲象。野生亚洲象不仅数量少,而且分布得比较散。许多亚洲象栖息于中缅、中老边境,享受着随意穿越国境的自由,因而很难保证固定的数量。

对于亚洲象这样稀少而珍贵的动物,我国政府十分珍视,已将它列为一类保护动物,在西双版纳已经建立了三个自然保护区。

7. 硕果仅存——野马

野马,又叫蒙古野马,产于我国新疆的准噶尔盆地、玛纳斯河流域和蒙古的科布多盆地。它还有个名字,叫做"普氏野马",那是因为在1878年,一个叫普热瓦尔斯基的俄国军官在新疆准噶尔盆地捕猎到了一只野马,该国的动物学家坡里亚科夫为了纪念普热瓦尔斯基,就把它定名为"普氏野马",后来国际动物学界也接受了这一定名。

普氏的上述发现,引起了国外冒险家的捕猎欲。自1899年到1901年,从我国捕获走50余只,而我国作为野马的故乡,从1878年到1980年却从未捕猎到一只野马,甚至从未展出一只野马的标本。1980年9月我国才从美国动物园引进一对野马。1985 年我国从国外引进 11 只野马,放在乌鲁木齐动物园进行过渡性饲养,1986 年年底又放回准噶尔盆地进行饲养繁殖。1960 年蒙古人民共和国已经正式宣布野马在该国绝迹。1980 年我国的地质勘探队员宣称,他们在卡拉麦利山一带数次见到过野马。为此,1981 年夏季和 1982 年夏季我国动物学家曾组织过几个科学调查队,多次到卡拉麦利山一带进行野外调查。他们虽然没有能亲眼看到野马,但是发现了一些有价值的线索和踪迹。如此看来,我国也许是唯一在野外残存有野马的国家。

野马的体格与家马相似,但体形略小。野马身高(实际是肩高)1.3~1.4 米,身长 2.2~2.8 米,尾长 40~60 厘米。从比例上讲,野马的头要大得多,腿要粗壮得多。野马的颈鬣短而直立,家马的颈鬣长而向两侧纷披。野马没有额毛,家马有明显的额毛。以上这些区别,使得有动物学常识的人一眼就能区别出野马和家马来。

野马的体毛呈土黄色至深褐色不一,脊背中央有一道黑褐色鬣毛,而腹部及四肢内侧则接近白色。野马的尾基部为短毛,而自尾根 10 余厘米以下长着长长的尾毛。

野马栖息在草原、丘陵和沙漠的多水草地带,喜欢群居。常常由一只雄性公马率领,一二十只结为一群,过着游牧式生活,逐水草而居。其主要食物为野草,在冬天食物缺乏时,它也会觅食积雪下的枯草和蘑菇。野马一昼夜食用 10~20 千克野草。它耐渴,而饮水量大,喝足一次水,能两三天不喝水,喝水时间多在清晨或傍晚。每年 6 月前后为交配期,雄性与雌性都会因为争夺配偶而争斗。孕期为 11 个月,每胎产 1 只幼仔。幼仔落地后就会奔跑,3~4 年性成熟,寿命一般为 25~30 年。

野马性情凶悍,听觉与嗅觉都很灵敏,反应机敏,又极善奔跑,因而人们很难接近它,更难捕获它。即使饲养在动物园中的野马,也是野性十足,常与隔栏的动物寻衅打斗,连饲养员喂食时都得小心翼翼,时刻提防遭受攻击。

由于野马与野驴有不少相似之处,在远距离不大容易分辨清楚,因而一般人常常以驴作马,把野驴误认为野马,于是野马山、野马泉、野马滩、野马南山、野马渡等地名也就随之出现了。这些地名的出现,决不意味着野马的分布面。我国已将野马列为一级重点保护野生动物。新疆也已把卡拉麦利山一带的地方划为自然保护区。

8. 身跨两类——鸭嘴兽

自然界中还有一种动物,它具有哺乳动物的特点:用乳汁喂养幼仔。同时又具有爬行类、鸟类的特点:生殖孔与排泄孔全在一起,生殖方式是卵生,而且还孵卵。它的嘴外形又像鸭子的嘴。从发现这种动物到给它定名,这中间经过了漫长的时间,在反复琢磨后,科学家们才给它起了一个合适的名字——鸭嘴兽。

为什么给鸭嘴兽定名这么困难呢? 是因为鸭嘴兽身上有许多稀奇古怪的地方。

从它的外形来看,就很奇特。它的身体像兽类,全身披毛,毛是浓密的短毛,体形为流线型,身长约 50 厘米。它的嘴是颌部的延长,外形极似鸭子的嘴。别看它的嘴像鸭嘴,可比鸭嘴高级多了。它的嘴里面是角质的,覆盖在角质上面的是一层柔软的、富有弹性的黑色皮肤,皮肤里还有一些特殊的结构,能感觉到动物肌肉里电场的移动。这使得鸭嘴兽的嘴能准确地把藏在水底淤泥里的小动物捕捉到。它的嘴的前缘还有脊纹,可以咬碎或咬紧食物,下颌两旁还有"过滤器",把水挤压出去。

从鸭嘴兽的头部看不出长着耳朵,实际上它也有耳孔,它没有的只是外耳。当它在潜水的时候,耳孔和眼紧靠在一起,耳孔和眼睛上的肌肉褶皱把耳孔和眼睛严密地遮盖起来,水无法进入。

鸭嘴兽有短而粗的四肢。更为特别的是与它那四肢比例不相称的发达的脚,脚上长着蹼。当它在水中游泳的时候,蹼便伸到爪外;当它在陆上的时候,蹼就缩回去,好像一把折扇,可以打开、关上一样。鸭嘴兽的爪极其锐利,当它为自己建造洞穴的时候,其爪好似挖土机,大约 15 分钟就可以挖出深 50 厘米的洞穴。鸭嘴兽的爪子不仅锐利,在雄兽后脚的大拇指上还长着锋利的角质距,终身都存在。这个角质距能分泌毒液,此毒液能使狗很快死去。如果到了兔子的皮下,两分钟之内家兔也会死去,可见角质距分泌的毒液毒性之大。如果人碰到了毒液,及时治疗是可以痊愈的。

鸭嘴兽的尾扁而平,样子像船上的舵,起到了舵的作用。它的尾不仅起到舵的作用,尾巴还会铲土造墙。可见鸭嘴兽的尾巴力气之大。

鸭嘴兽喜欢在水边挖洞而居,尤其是在近水的树下建造它自己的地下室。地下室有两个洞口,一个在水下,一个在岸上。岸上的洞口容易被敌害发现,鸭嘴兽就在洞口用杂草、碎石伪装起来,这样敌害就不容易发现了。水下的那个洞口主要是为了到水下觅食方便,还有逃避敌害的作用。

鸭嘴兽主要在水中捕食小鱼虾、青蛙、螺蛳、蚯蚓等食物。由于它的活动量大,所以食量也很大。鸭嘴兽的食量几乎和它的体重相等,有人观察到一只鸭嘴兽一天吃了540条蚯蚓,2~3只虾,还有2只小青蛙。

每年的10月份,对于澳大利亚来说正是初夏时节,雌兽和雄兽在水中交配。这里需要说明的是鸭嘴兽是单孔目动物。"单孔目"是什么意思呢?就是鸭嘴兽的大肠末端只有一个孔,这个孔泄殖尿液、排出精子或卵细胞,被称为"泄殖腔孔","单孔目"的称呼就是这么来的。而动物界只有爬行类和鸟类有泄殖腔孔,在这点上,鸭嘴兽与它们是相似的。大约半个月鸭嘴兽通过泄殖腔孔产下1~3枚卵,卵为白色,壳软,卵个头约似鹌鹑蛋大小。这时雌兽就把卵抱在胸前孵化。雌兽孵卵时,它的地下室就不同以往的地下室那样了。在产卵前鸭嘴兽把地下室收拾得可舒服了,先把洞里的通道加长加宽,然后在原来"卧室"的基础上再挖宽一点,最后把用水泡了一天一夜的许多草茎、树叶码放整齐摆在洞里,这就成了它的舒适的床垫。鸭嘴兽就在这样高级的床上产卵、孵卵。

大约经过10天,小兽从软壳内爬出。小兽大约2.5厘米长,全身裸露无毛,闭着眼睛,靠吃母兽的奶长大。小兽吃奶时,姿势奇特,母兽仰卧在地上,它的腹部没有乳头,只有乳腺区,在母兽腹部中央凹陷下去,小兽趴在母兽的凹陷部分用嘴挤压母兽的乳腺区,奶水就流入凹陷部分里,这时小兽就可以舔食乳汁了。所以说,鸭嘴兽又具有哺乳动物的特点。

2个月后小兽长出体毛,4个月左右发育完全,可以离窝外出觅食了。这说明小兽长大了,开始独立生活了。鸭嘴兽寿命在10~15年。

鸭嘴兽的体温低,一般维持在26~35℃之间,而且体温随着外界环境的变化而变化。但是变化是有范围的,当环境在30~35℃持续不变时,它将失去调温能力而死亡。这一生理特点决定了鸭嘴兽生存范围极为狭窄。

人类对于鸭嘴兽的研究,发现了哺乳动物与爬行动物的亲缘关系,同时也进一步发现了哺乳动物起源于古代的爬行动物,还确认了单孔目动物是最低等的哺乳动物。鸭嘴兽是世界上极其珍贵的动物,它只分布在澳大利亚的东部。

9. 长寿之鸟——丹顶鹤

丹顶鹤在分类学上位于脊椎动物亚门, 鸟纲, 鹤科。

丹顶鹤为大型涉禽之一, 为世界著名的珍贵鸟类。丹顶鹤身体高大, 直立时 1.5 米左右, 体长 1.4 ~ 1.5 米, 体重 10 ~ 12 千克。雌鹤略小一些。名为丹顶鹤是由于它头顶皮肤裸露无羽, 且突出, 呈朱红色。丹顶鹤全身体羽大都呈雪白的颜色, 只有它的面颊、喉和大部分的颈部为黑色, 此外两翅的飞羽不仅黑而且发亮。翅羽收羽时覆盖在白色的短尾上面。它还有两条呈钻黑色的纤细的双腿, 这就使得它的身材显得亭亭玉立, 身姿秀丽。

丹顶鹤主要栖息于湖泊、河流边的浅水中, 芦苇荡的沼泽地区, 或水草繁茂的有水湿地。通常栖息地有较高的芦苇等植物以利于隐蔽。

丹顶鹤迈着纤细的长腿在浅水中漫步, 这是在寻找食物。它们一般吃鱼、虾、昆虫类、蛙类等动物, 有时也吃植物的根、茎、叶、嫩芽等, 所以丹顶鹤属于杂食性动物, 食性面广, 饲养起来也较为容易。

丹顶鹤喜群体生活, 往往以家族的方式一起涉水、觅食等, 它们也成双成对地一起活动。

春天来了, 丹顶鹤们带着幼鹤飞回繁殖地区。在进入交配期之前, 雄鹤将它们家庭中的幼鹤赶走。一般不是很容易就将幼鹤赶走的, 要三番五次地下狠心把幼鹤强行赶走。被赶走的幼鹤开始单独行动, 到后来它们互相之间就聚到了一起形成幼鹤群, 集体离开了它们的亲鹤。

丹顶鹤一夫一妻制, 若一方死亡, 另一方会悲恸欲绝, 发出凄惨的叫声。丹顶鹤在交配期间, 雌鹤、雄鹤翩翩起舞, 并发出高昂的鸣叫声, 因为雌鹤叫声比雄鹤稍低一点, 所以听起来就好像是 "二重唱" 似的。在雌鹤产卵前的几个小时, 雌鹤、雄鹤共同筑巢。它们的巢穴很简陋, 一般用水生植物的茎、叶、花序及干枯的芦苇、苔草等筑起巢来。巢穴一般筑在近水的有较高植物作屏障的地方, 或筑在芦苇丛的深处, 总之是人和大型兽类很难到达的地方。巢的形状像一个大圆盘。

雌鹤一般在 4 月中旬至 5 月中旬产卵, 年产 1 窝, 一般每窝产 2 枚, 偶尔 3 枚。卵较大, 有 250 ~ 300 克重, 卵壳厚实、坚硬, 呈淡灰褐色。卵的表面布满棕色斑块。如果卵被破坏, 它们还有补充产卵的习性。雌鹤、雄鹤轮流孵卵, 夜间孵卵任务大多由雌鹤完成。出壳前, 雏鹤在卵内先用喙将卵壳啄出一个小洞,并逐渐扩大洞口,此时亲鹤在旁边焦急地等待雏鹤出壳,经过 25～26 小时,雏鸟才艰难地破壳而出。当雏鸟破壳而出时,亲鸟展翅起舞视雏鸟为宝贝,不离左右,总是在雏鸟周围保护着它。新出壳的雏鸟体重约 150 克,全身羽毛呈黄色,背中线颜色较深,腹部颜色较浅,出壳即睁开眼睛,2～3 小时后即能站立,1 天以后就能进食。

雏鸟为早成鸟,可以自己蹒跚走路,但还是离不开亲鸟。不久以后,雏鸟即能跟随亲鸟在浅水处涉水觅食,主要吃小鱼、昆虫、蝌蚪和各种植物的嫩芽。幼鹤还能学着亲鹤的样子,跳跃、展翅、梳理羽毛等。幼鹤发育很快。从 9 月下旬到 11 月初,幼鸟随亲鸟陆续南飞越冬。幼鹤长到 4～6 岁性成熟,寿命一般 50～60 年,有的能活 80 年。

雌鹤的体羽稍暗浅一些,不如雄鹤的羽毛华丽。人们发现雌鹤、雄鹤的叫声和习惯动作不同:雄鹤叫的时候把颈高高竖起,头向后倾,喙直冲蓝天,双翅高举,但不全展开,并且发出连续的单音;而雌鹤叫的时候将喙水平方向伸向前方,双翅不高举,发出间断的双音节,声音没有雄鹤洪亮。尽管雌鹤叫声洪亮程度稍逊雄鹤,但它们的叫声都称得上是引颈高鸣。人们以鹤的叫声和行为来区分雌鹤、雄鹤。

丹顶鹤为典型的候鸟。东北的松嫩平原以东至黑龙江下游、乌苏里江流域的低地沼泽为我国丹顶鹤的繁殖区。我国在东北的扎龙地区建立了以丹顶鹤为主的第一个水禽综合自然保护区。在保护区内,由于饲养人员的精心管理,野生的丹顶鹤已不南飞越冬,反而定居下来了。后来我国又陆续在吉林省建立了向海自然保护区、莫莫格自然保护区,在辽宁省建立了双台子河口自然保护区,在安徽省建立了升金湖自然保护区。丹顶鹤为世界珍禽,被我国列为一级保护动物。

10. 蛇中巨类——蟒

蟒在分类学上位于脊椎动物亚门,爬行纲,蟒科。

蟒科内的动物可以说是蛇类中体形最大的一类动物了。世界上最大的蟒叫水蟒,也叫森蚺。它产自南美的热带森林中,体长可达 11 米左右,腹部直径最粗约为 35 厘米,体重能有 300 多千克。中国产的蟒是印度蟒的一个亚种,长 5～7 米,体重约有 60 千克。中国古代并不是把蟒称为"蟒",而称它为"蚺"。

蟒的体表覆盖着鳞片,并具有非常独特的、美丽的、金黄色的花纹。

蟒一般生活在山区的森林中。蟒是热带的动物,所以它喜热怕冷。在动物园里饲养的蟒,温度要有保证,若温度低了,蟒就不能正常进食。所以蟒舍内要保证有一定的温度,还有树木、草地、水池及供它冬眠的地洞,这样蟒才能很好地生存下来。

蟒是肉食性动物,它吃鸟、兔、鼠、鸡等。蟒饱食后,它可以和这些动物和平共处,但当它饥饿时,会立刻把这些动物吞下肚中。它能吞下比它的腹径大许多的大型动物。蟒捕食的时候,先是用突然袭击的方式咬住猎物,然后用身体把猎物缠起来,并且越缠越紧,最后把猎物体内的骨头缠碎后从头部开始吞食。

秋天来到了,蟒更加频繁地进食,到了天气寒冷的时候,蟒体内已经贮备了大量的能量,这些能量足以使它可以用冬眠的形式度过寒冷而漫长的冬季。到了来年春天,万物复苏的时候,蟒的冬眠期结束,开始外出活动、觅食。

每年6月左右,蟒进入产卵期,每窝产卵几枚到数十枚不等。卵重75~100克,像鸭蛋那么大,白色,卵壳不是像我们常见的鸡蛋、鸭蛋的壳那么硬,而是又软又有韧性。雌蟒将卵堆在一起,并将身体盘卷在卵上孵卵。雌蟒在孵卵期间体温比其他时间要高,这样有利于卵的孵化。孵卵期约有2个月,在这2个月期间,雌蟒不吃不喝,耐心孵卵,直到小蟒破壳而出。小蟒从破壳到爬出蛋壳约需1天的时间。刚出世的小蟒约有150克重。这些小蟒从破壳而出之时起,就开始了自己的独立生活。

蟒是无毒的动物,许多人不知道这一点。蟒的外表非常可怕,人们总以为它会主动伤害人。但是在巴西,人们常常饲养和训练蟒,让它和人们在一起生活。经过训练,它能照看并保护外出的孩子,使孩子不致被毒蛇伤害。

蟒主要分布在我国的广东、广西、云南、贵州、福建、海南等地,在国外主要产于印度、斯里兰卡以及东南亚。蟒为国家一级保护动物。

蟒的皮可制革,可制工艺品和乐器,其他部分也可药用。而且国内许多动物园内都有蟒蛇供人们观赏,所以蟒的经济价值还是较高的。

第三章 形形色色——动物趣闻

第一节 各显其能——鱼类天地

1."缘木可求"——弹涂鱼

我们都知道"缘木求鱼"这个成语,它的意思是说,人爬到树上去抓鱼,结果是白费力气,用以嘲笑那些做事不得要领的人。可是,在我国南部海岸,的确有一种"缘木可求"的鱼,它就是水陆两栖的会爬树的弹涂鱼,又称"跳跳鱼"或"泥猴"。除了我国的南部海岸,在西非和太平洋的热带海岸都生活着这种鱼。它们经常会从海水中跳到平坦的沙滩或潮湿的低洼地上。

为什么弹涂鱼有这种本领呢?因为弹涂鱼的胸鳍基部长得长而且粗壮,有点像陆地动物的前肢。它的胸鳍已不仅仅是游泳器,而且能够起到支撑器的作用。它依靠臂状胸鳍的支持、身体的弹跳力和尾部的推动,才得以在沙滩上跳动和匍匐爬行,有时还能爬到海边的树枝上。

更特别的是,这种鱼虽然不能长期离开水生活,但是也已习惯于陆地生活,它必须不时爬到陆地上来。除此之外,它们还具有猎取陆生昆虫和甲壳类动物的本领呢。

弹涂鱼既然是鱼类,它离开水后,靠什么进行呼吸呢?我们知道,一般鱼是依靠鳃在水中呼吸空气的,而弹涂鱼除了鳃以外,主要还依靠皮肤来帮助呼吸,因此它能离开水生活。

从这种鱼身上,我们可以清楚地看到,生命进化的过程的确是从水生渐渐进化到陆生的。它为生命进化提供了一个强有力的证据。

2.电光十足——淡水电鳗

到达美洲的第一批西班牙人虚构了一个故事:说在南美大陆的丛林中,有一片极为富饶的地区，那里的树木上都挂满了纯金。为了寻找这个天然宝库，由西班牙人迪希卡率领的一支探险队，沿亚马孙河逆流而上，来到了一大片沼泽地的边缘。时值旱季，沼泽几乎干涸了，只有远处的几个小水塘在中午的阳光下闪烁着。

探险队来到了小水塘边。这时，探险队雇佣的印第安人大惊失色，眼中充满恐惧的神情，拒绝从很浅的池水里走过去。迪希卡命令一位西班牙士兵做个样子给印第安人看看。于是，这位士兵满不在乎地向水中走去。可是，才走了几步远，他就像被谁重重地打了一下似的，大叫一声倒在地上。他的两个伙伴冲上前去救他，也同样被看不见的敌人打倒在地，躺在泥水之中。几个小时以后，见水中毫无动静，士兵们才小心翼翼地走到水里，把 3 个伤兵救了出来，可是，这时他们 3 人的脚都已麻痹了。

后来，人们才知道这个不明真相的怪物就是淡水电鳗。

南美的电鳗是一种大型的鱼，它的模样像蛇，体长 2 米多，重达 20 多千克。平时，电鳗一动不动地躺在水底，有时也会浮出水面。电鳗会发电，能使小虾、鱼儿和蛙等触电而死，然后饱餐一顿。当它遭到袭击的时候，也会立即放出电来，一举击退敌害的进攻。电鳗不仅利用放电来寻找食物和对付敌害，还将它用于水中通信导航。有人发现，当雄电鳗接近雌电鳗时，电流的强度会发生变化，这是它们在打招呼呢！

其实，放电的本领并不是只有电鳗才有。如今人们已发现，在世界各地的海洋和淡水中，能放电的鱼有 500 多种，像电鲟、电鳐、电鳐、电鲶等，人们将这些鱼统称为"电鱼"。有一种非洲电鲶，能产生 350 伏的电压，可以击死小鱼，将人畜击昏；南美洲电鳗可称得上"电击冠军"了，它能产生高达 880 伏的电压；北大西洋巨鳐一次放电，竟然能把 30 个 100 瓦的灯泡点亮。

为什么电鱼能放出这么大的电流呢？科学家经过一番仔细的解剖研究和实验，终于发现在电鱼体内有一种奇特的电器官。各种电鱼电器官的位置和形状都不一样。电鳗的电器官分布在尾部脊椎两侧的肌肉中；电鳐的电器官像两个扁平的肾脏，排列在身体两侧，里面是由六角柱体细胞组成的蜂窝状结构，这六角柱体就叫电板。电鳐的两个电器官中，共有 200 万块电板。电鲶电器官中的电板就更多了，约有 500 万块。在神经系统的控制下，电器官便放出电来。单个电板产生的电压很微弱，但由于电板很多，所以产生的电压就很可观了。

有趣的是，世界上最早、最简单的电池——伏打电池，就是 19 世纪初意大利物理学家伏打，根据电鳐和电鳗的电器官设计出来的。最初，伏打把一个铜片和一个锌片插在盐水中,制成了直流电池,但是这种电池产生的电流非常微弱。后来,他模仿电鱼的电器官,把许多铜片、盐水浸泡过的纸片和锌片交替叠在一起,这才得到了功率比较大的直流电池。

研究电鱼,还可以给人们带来很多好处。例如,一旦我们能成功地模仿电鱼的电器官在海水中发出电来,那么船舶和潜水艇的动力问题便能得到很好的解决。

一些科学家打算模仿电鱼的发电原理,创造新的通信仪器。在这方面,电鳗和象鼻鱼可以提供宝贵的启示。象鼻鱼是生活在非洲中部河湖中的一种电鱼。它的鼻子特别长,有点像大象鼻子,所以人们就叫它象鼻鱼。这种鱼的电器官在尾部,背上有一个能接收电波的东西,好像雷达的天线一样。当敌害迫近到一定距离时,反射回来的电磁波被背部的电波接收器收到后,就会发出敌情警报,这时象鼻鱼便急忙溜走。

3. 深海"渔翁"——角鮟鱇鱼

人类会钓鱼,如果说鱼也会钓鱼,你一定感到惊奇吧？这种会钓鱼的古怪鱼,就生活在深海中,名字叫角鮟鱇鱼。

它是怎么钓到鱼的呢？原来,这种鱼的头上长着引诱须,就像我们人类手中的钓鱼竿,而须的顶端有一种最讨其他鱼喜欢的诱饵,这种诱饵是发光的。发光诱饵实际上是一种发光的腺体,它能分泌出颗粒状的东西,里面有许多发光的细菌。它分泌出一种液体,养活了这种细菌,而细菌发光又能使它捕到小鱼。角鮟鱇鱼和发光细菌过着共栖的生活,但是,这种发光腺只有雌性的角鮟鱇鱼才有,雄鱼引诱须的顶端是没有发光腺的。

有些角鮟鱇鱼的引诱须短而粗,有的则细而长。不同的角鮟鱇鱼发光的颜色也不同,有紫橙色、黄色、蓝绿色等等。由于深海暗淡无光,当它们连续地发出闪烁的光芒时,就引起周围鱼、甲壳动物的注意和兴趣,并冲向闪光,"自愿"上钩,落入鱼腹之中了。

角鮟鱇鱼的外表形象,也为它的"垂钓"提供了方便。它身体的背面是褐色,并有许多突起的小东西,显得与周围环境很相似,所以别的动物很难发现。它长有一个很宽大的嘴巴,里面长着锐利的牙齿。

这种鱼游泳的本领不是很好,在深暗的海洋里总是慢慢地滑行着,一路上,它不时把引诱须向前伸出,闪烁的诱饵受肌肉的牵引,不时地抖动着,用它的测线器官探测周围捕获物的动静。由于角鮟鱇鱼的这种动作,往往使一条迎光扑来的鱼以为找到了自己心爱的饵料,就用嘴巴去试探这种发光的诱饵。这一接触,就惊动了角鮟鱇鱼,它就马上发出一连串的捕食动作。它突然把引诱须抬向后,张开血盆大口,形成一股向嘴巴流动的水流,把猎物轻而易举地吞入宽敞的口腔之中。

角鮟鱇鱼就是这样"不劳而获",它自己不需要怎么动,小鱼就会自动地送到它的嘴巴里,成为它充饥的食物,比我们人类钓鱼可高明多了。

4. 喜温怕冷——热水鱼

1936 年夏天,法国有位叫雷普的旅行家,不幸在海上触礁,被海浪卷到千岛群岛的一个多山的火山岛。当时,他饥饿难忍,正想找寻些食物时,忽然发现小河里躺着几条腹部朝天的死鱼,于是他把鱼捞了上来,拿出身边仅存的炊具来煮鱼汤。烧了一会儿,雷普就迫不及待地揭开锅盖来看,岂料这一看吓了他一跳,原来的死鱼都变成了活鱼,正在悠然地游着。这是怎么回事呢?这位旅行家简直大惑不解了!

后来,经过人们调查研究才知道,这岛原是一个巨大的古火山口。这些怪鱼是被火山岩烫热的一个小湖沼里的"居民"。当年,它们的祖先就是这次火山爆发的幸存者。据测定,这湖里的水温高达 63℃,一般的鱼是无法在这样的环境里生存的,而这种热水鱼却能很好地生活。更让人惊奇的是,由于它们已经适应了热水,一旦落到凉水里,就会立即被冻死。

在自然环境里,热水鱼是非常罕见的。除了上面说到的地方,在贝加尔湖附近的温泉、加利福尼亚的某条河里,也偶尔可以见到,那里的水温一般在 45 ~ 55℃。看来,生物所能适应的温度范围比我们所想象的要大得多。

5. 以口代孵——越南鱼

越南鱼的繁殖习性在鱼类中是比较奇特的。

越南鱼在繁殖期间,会将身子贴近池底,然后侧身用劲翻,逐渐挖成一个锅形的窝。雌鱼在窝里产卵,雄鱼把精子射在卵上。卵受精后,雌鱼将卵含在口中孵化,在 25 ~ 27℃时,4 ~ 5 天小鱼可孵出。小鱼孵出后,还在雌鱼口中生活大约一星期。在这段时间里,小鱼遇到什么危险,会跑到雌鱼口中躲避,而不会被雌鱼吃掉;但过了这段时间,雌鱼保护的责任就完毕了,将小鱼放出口外,从此一反以前慈爱的母性,如果遇到小鱼,包括它自己生的小鱼在内,统统都会被吞食下肚。

在口中含卵孵化和保护刚孵出的幼鱼,是越南鱼的一种本能。这种本能使得每次产卵仅几十粒到几百粒的越南鱼,得以很好地生存。

6. 水中"狙击手"——水弹鱼

在印度和东南亚一带生长着一种号称"活水枪"和"神枪手"的射水鱼,也叫水弹鱼。身长十五六厘米,银白色,扁扁的身体,外表并不奇特,它的特异功能是射水捕食。当它游动时,两眼始终警惕地注视水面上空有没有好吃的。当它发现苍蝇、蚊子、蜻蜓等昆虫在水面飞掠过,或停在水边草叶、石块上时,便会轻轻地游到离昆虫 1 米左右的地方,摆开架式,把头伸出水面,撮尖嘴,竖直身体,把事先准备好的满嘴巴水,对准目标,以极大力气像射箭一样喷射出一股"水弹",将猎物击中跌落水中,它便游过来吞下。澳大利亚等地的人们很喜欢喂养这种有趣的鱼,当你观赏它时可得小心点,它会不分青红皂白地乱射一通。如果你去喂食料时,它也会把你的手当做目标,喷水射击;如果你俯视鱼缸,那更有危险了,因为你的眼睛只要眨一下,也会引起它的注意,趁你不备毫不客气地向你"开枪"射击,用"水弹"击中你的眼睛;客人来访,千万不要在鱼缸边抽烟,那一闪一闪的火光,更会吸引它游过来向香烟射击,真像导弹一样可以百发百中把烟头击灭。

射水鱼为什么能喷发"水弹",而且命中率又是这么高呢? 这除了与它口腔的特殊构造,能把大量储存的水迅速形成一串水珠喷出外,还和它的眼睛视力特殊有关。射水鱼的眼睛大而突出,可以灵活转动,视网膜又特别发达。一般鱼在空气中看东西是模糊不清的,因为没有水作眼球的润滑剂;而射水鱼既能在水中看,又能露出水面看。

7. 鱼类"建筑师"——三棘刺鱼和章鱼

在鱼类中有名的"建筑师"要算是三棘刺鱼了。每当它们将成婚立家时,事先要进行设计、施工,建筑一座既坚固又漂亮的"新房"。房子的地基一般选在水草间或岩石地带的池洼间,要求水的深浅合适,并经常有水流动。地基选好后,便开始备料,收集一些水草根茎和其他植物屑片。雄鱼从自己的肾脏中分泌出一种黏液,把这些材料黏结在一起,再用嘴巴咬来咬去,直到咬出窝的形状。为了加固,它又用身上的黏液在房子的内外上下涂抹、摩擦、修饰,使表面整齐、光滑,好似刷了一层清漆一般。建成的房子,中间空心,略带椭圆形,有两个孔道,一个出口一个进口。这才算大功告成。于是雄鱼在四周游来游去,美滋滋地欣赏自己的杰作。这位未来的"新郎"就开始找未来的"新娘"了,一旦看中,便会做出一套复杂的求爱动作,把雌鱼引到自己精心建造的房旁,征求"新娘"的意见。如果雌鱼满意,便双双进入"洞房";如果"新娘"羞羞答答故作姿态不肯进房,"新郎"便不高兴地竖起背上硬刺逼着"新娘"进去。雌鱼进窝后便产下二三粒卵,然后穿堂而过,雄鱼立即在卵粒上注射精液。第二天,雄鱼又拉另一条雌鱼产卵婚配,直到房子里充满卵粒为止。这种精美的"新房",就变成很安全、很舒适的育儿室了。

另一个会营造房屋的要算是章鱼了。它们生活在海底,身上有很多长长的触手。当章鱼吃饱之后,总要在一个安静的地方美美地睡上一大觉。为了不受打扰,它拖着吃得胀胀的肚子,建造睡窝。它用触手搬运石料,一次能搬四五千克石头,垒起围墙后,再找来一块平整的石片做屋顶,于是小房建好了,它便懒洋洋地钻进去睡大觉了。为了防备敌害,它让两只专门保卫职责的触手伸出室外,不停地摆,好似站岗放哨一般。一旦有敌害侵入,章鱼便会醒来,或是应战,或是弃屋逃跑。

8. 海中"剑客"——会击剑和刺杀的鱼

在印度洋等热带海域中有一种凶猛的大鱼,长 3 米左右,上颌突出形成长而扁平、坚硬的"剑",称为"剑鱼"。它游动迅速,在海里横冲直撞,连鲨鱼也怕它。剑鱼攻击鲸类时,常常飞速地用利剑般的长嘴直刺鲸的要害;它对待小鱼则用剑嘴左劈右砍,然后把刺死或砍伤的吃掉。

堪称味美上乘的淡水鱼——鳜鱼,周身银灰色带有黑块状花斑,身长 60 厘米左右,背上有锋利如刀的背鳍。它也善于用背鳍捕食别的鱼来充饥。

最有计谋的是它能诱捕水蛇,本领堪称一绝。在春末至秋季的漫长时间里,鳜鱼总是栖息在大石附近游动,常常一动不动地装死侧身浮躺在水面。当蛇发现这么鲜美的鱼竟送上门来,就立即游近鱼的身边,并把它缠住。当蛇把鳜鱼越缠越紧时,突然鳜鱼用足全身力量张开背上刀一样的背鳍,同时迅速扭动旋转身体。不一会儿，只见蛇的肚腹等处划开一道道很深的口子，蛇痛得潜入水底，鳜鱼紧追不舍，将受了重伤的蛇咬死，然后美餐一顿。

还有一种满身长刺像陆上刺猬似的鱼，叫刺鲀。全身卵圆形，体长仅10厘米，遍体生着粗棘，每根棘又生有两三根棘根，这些都是由鳞片演变成的。它的嘴很小，上下颌的牙齿都连在一起，尾鳍像把扇子。当它遇到威胁时，便急忙升到海面吸足空气，膨胀成一只滚圆的刺球，每个针棘都竖了起来，并滚动着游过去向前来威胁它的大鱼猛扎一通。这一手还真厉害，吓得大鱼逃之夭夭。刺鲀也用这种方法捕食小鱼。

9. 以小欺大——吃大鱼的小鱼

历来都是大鱼吃小鱼，可是自然界偏偏还有小鱼吃大鱼的，而且是专吃凶猛的鲨鱼一类的大鱼。鲨鱼有个克星，就是小小的硬颚毒鱼。这种鱼身体短粗，背扁腹圆，外皮松弛，除了口缘和尾部之外，满身长有尖锐的棘刺。它吸足空气之后，身体便能鼓成一个圆球，原来倒伏的棘刺立即笔直地竖立起来，变成一根根锋利的尖刺。当鲨鱼大口吞食鱼群时，硬颚毒鱼便像孙悟空钻进铁扇公主肚子里一般，混进了鲨鱼的大肚皮里，之后它便运足了力气，全身鼓圆，把满身棘刺向鲨鱼胃四周乱撞乱扎。鲨鱼痛得在海里打滚翻腾也毫无办法。不多一会儿，鲨鱼的胃就被刺穿了，接着两肋的肉也被硬颚毒鱼啃得血肉模糊。当硬颚毒鱼钻出来时，鲨鱼也就一命呜呼了。

在希腊的可那伊河里有一种旋子鱼，它在水里像旋子那样呈"S"形螺旋式前进。它有一个尖硬的嘴，小鱼碰上它，会被旋得稀烂，马上成了它的美餐。大鱼遇上它，目标更大，也会被它的硬嘴巴旋得千疮百孔，悲惨死去。如果大鱼吞下了它，那更是大祸临头了。旋子鱼就在鱼肚里到处乱钻乱旋，把大鱼的内脏吃去许多而使大鱼死去。但旋子鱼也不是无敌的，它最怕河蚌。如果它的硬尖嘴被河蚌壳夹住，即使它拼命旋转嘴巴，也无法脱身，最终成了河蚌的食物。

在我国青岛附近海里也有一种专吃大鱼的小鱼，叫盲鳗。由于它长期在大鱼肚里生活，所以双眼已经退化失明。它的样子像鳗鱼，前面是圆棍状，后面是扁圆的尾巴，灰黑的颜色，肚子下方是灰白色，嘴上有个小吸盘，口盖上长着锐利的像锉刀似的牙齿，舌头也强而有力，伸缩灵活。它先吸附到大鱼身上，然后从大鱼的鳃部钻进腹内，吞吃大鱼的内脏和肌肉，一边吃一边排泄，直到把大鱼吃光为止。它每小时吞吃的东西，竟相当于自身体重的两倍半。

还有一种小小的猛鲑鱼竟能吃掉凶猛的大鳄鱼。这是生长在南美洲的一种鱼。鳄鱼可以吞下一头小猪,可是遇到这种猛鲑也只好甘拜下风了。原来猛鲑的颚骨力量奇大,一口可以咬断钢制鱼钩,人称"锯齿鱼"。它们常常合群出游觅食,如果碰上一条大鳄鱼,它们便会一拥而上用利齿咬住鳄鱼不放,鳄鱼皮再坚固也没用。顷刻之间,几百条猛鲑就可以把鳄鱼吃个精光,连骨头也不剩。所以凡是有猛鲑鱼的地方,河流里很难有别的鱼类可以生存。

10. 美丽"杀手"——食人鱼

在南美亚马孙河有一种食人鲳鱼,这种鱼体表面有黑色小斑点,腹部呈橙黄色,腹鳍也是黄色,非常美丽。可是它的牙齿像锯齿般锋利,任何肉类都可咬掉吞食。在原产地,无论怎样巨大的动物,如果涉水而过,便会被这种食人鲳群起袭击,一旦被其咬伤,都会因流血过多而失去支持力量,陷入水底被淹死。当尸体还未全部沉入水底之前,就已被食人鲳把皮肉撕成一块块,吃个精光,只剩下骨骼。这种鱼还会在河边以迅速的动作,把汲水者的手指咬掉。

活跃在南美洲奥里诺科河口的比拉鱼是杀人鱼。它有巴掌大小,貌不惊人,乍看倒有几分温驯,可是它专门成群结队地袭击人和其他动物。一条海豚若让比拉鱼发现,顷刻间,几十条甚至上千条比拉鱼包抄过来,冲上去,用锐利的牙齿撕咬起来,几分钟后就把它吃个精光。当地印第安人利用比拉鱼嗜食人的习惯,人死后进行鱼葬。

我国南海有一种鱼则是一种美丽的"杀人天使"。它体态优美,颜色俏丽,摆动着布满条纹的躯体,张开颜色斑斓的鳍,简直就像一艘披红挂彩的小船。鳍上长有18根毒刺,如果人被刺一下,轻者疼痛难忍,重者失去知觉,以致丧命。

11. 海里的"天然火箭"——墨鱼

墨鱼(俗称乌贼)并不属于鱼类,按照生物学家的分类,它应该同海里的蚌、河里的螺、陆地上的蜗牛一样,同属于贝类。

属于贝类的软体动物,一般都行动较迟缓。那么墨鱼是不是也行动缓慢呢?回答是否定的。它不但能够游泳,而且游起来比一般鱼类都要快。

为什么墨鱼能游得这样快呢?原来,它们的远祖也像蚌、螺、蜗牛一样,有一个外壳,保护着它的软体。但在海里生活,这个沉重的壳是相当不便的。为了适应生存,这种壳便日渐退化,被包在体内的一层外套膜里(这就成了墨鱼的骨)。就墨鱼的生理组织而言,最奇妙的便是这个外套膜,它薄得像玻璃纸一样,边缘是张开的,可以吸进海水。当墨鱼游泳时,它便饱吸了海水,将套膜紧闭,然后用软骨压迫套膜,使海水从头部的漏斗中喷射出去。这种喷射的力量是很大的。当水向后喷出,身体便被推着向前。它能游得这样快,便是利用了这种反向动力,而不是依靠身体的其他部位活动。所以人们给墨鱼起了一个很有意思的绰号,就是海里的"天然火箭"。

12. 多姿多彩——奇鱼拾趣

美人鱼

"美人鱼"原是生活在热带海湾里的哺乳动物儒艮,也叫海牛。它肉质肥厚,身体前部有对长而软很像手的胸鳍,雌性还有对又高又大的"乳房",用以哺育幼海牛。它喜欢夜晚活动,常用双鳍抱紧小海牛在海面浮游,在月色朦胧时,远远望去,还真像一个上身裸露,抱着孩子的女人呢。就这样,人们把海牛叫做"美人鱼",还为它编出了许多美丽有趣的故事。

鹦鹉鱼

关于鹦鹉鱼,有许多新奇而有趣的故事。

穿衣服的鹦鹉鱼。有一种鹦鹉鱼生活在印度西部的一些岛屿附近。这种鱼一到傍晚就分泌出一种透明的胶状流体把自己包起来,如同穿上一件睡衣,然后躲在石头或珊瑚丛中过夜。第二天醒来便将"睡衣"毁掉,开始新的一天。

患难与共的鹦鹉鱼。地中海产有一种色彩斑斓的鱼,当地人称它为"海中鹦鹉鱼"。这种鱼有一个奇异的特点,就是当它们被渔人的诱饵钓住时,其同类们会立刻起来救助,帮助同伴脱险。

蜡烛鱼

在北美洲沿岸的浅海中,有一种叫蜡烛鱼的小型鱼类。这种鱼呈细椭圆形,体表光滑无鳞,乳白色,本身就像一支蜡烛。它的肉很粗糙,有土腥味,但是脂肪非常丰富,晾干后往肚子上插一根草棒就能点着,发出一种黄白色的光,可以照明。几千年来,当地人一直把它当蜡烛使用。由于它发出的光很美,又没有任何怪味和烟气,所以还一直被用来制造高级蜡烛。

有四颗心脏的鱼

在堪察加半岛周围海域,生活着一种盲鳗,它有四颗心脏,分别与头、肝肌、肉和尾相连。这种鳗鱼有惊人的耐饥力,半年内不吃食也能畅游自如。

电筒鱼

加勒比海大开曼岛附近的深海里,有种电筒鱼,长约 15 厘米。这种鱼由于长年累月地生活在漆黑一团的海底,依靠双眼根本无法辨别物体。为适应这种环境,它们就在眼睛下面生出一个袋。袋为绿色的有机体,就像我们平时用的电灯上的电珠一样,能发出一种白光。平时,它利用这种白光在海底吸收和捕食其他小鱼。当然,在漆黑的深海里,有了这点微弱光亮,也会暴露目标,引来杀身之祸。不过,如碰上危险,它能立即关闭"电筒",逃之夭夭。险情解除后,它又亮起"电珠",悠然自得地游玩、觅食。

有三只眼睛的鱼

加勒比海生活着一种奇特的小鱼,它长着三只眼睛,中间的那只眼睛像一盏小探照灯,能够发出光亮。如果这只发光眼生病或因其他原因不能发光,另外两只眼睛就会顶替它,轮流发光。

有照明灯的鱼

在马来西亚群岛的水域里,生活着一种奇特的鱼,在黑暗中,它能够自己照明。这种鱼每只眼睛上方有一根水管伸向前方,管内有能发出荧光的细菌,好像汽车的前灯。有趣的是,这种鱼头上的"前灯"能根据自己的需要"关"或"开"。

两层眼的鱼

在中美洲的河流里,有一种个头不大,警觉性非常高,极难捕捉的鱼。这种鱼的眼睛很特殊,能同时看清水中和水面上的情况。它的眼睛分上下两部分,每一部分都有自己的焦距和感受神经。当它把头露出水面时,能同时看清水面和水下的物体,因此它既能跟随在水面上飞行的昆虫,同时又能观察到水下虾类等动物的活动。如果有人顺着河岸向它走近,它在 2000 米远处就可以发现这个人,很快就潜入水中,隐藏起来。

没有眼睛的鱼

在我国云贵高原和四川、广西等地山洞中,生活着一种没有眼睛的鱼。这种鱼喜欢觅食岩底的糟粕,数星期不食也照样能活下来。由于长期生活在黑暗的环境里,眼睛便逐渐退化,但它的触须由于眼睛的退化而十分灵敏,对声音特别敏感。

会走路的鱼

鱼离开水以后,大都难逃死亡的厄运。但是有一种会走路的鲶鱼,却能在干燥的陆地上存活好几个小时,因为在它的鱼鳃的后方有一种类似肺功能的特殊器官,能直接呼吸空气。

性别一日变化的鱼

一种生活在加勒比海和美国佛罗里达海域的蓝条石斑鱼,它的性别一天内能变更数次。这种鱼在产卵的时候,其中一条先充当雌鱼,产下鱼卵,而另一条则充当雄性,稍后,它们的性别互相改变,原来充当雌性的变为雄性,放射精子。

雌雄互变的鱼

在红海里有一种叫"鮨"的鱼,喜欢集体生活,其"首领"是一条体大强壮的雄鱼,它也是鱼群中唯一的一条雄鱼。当这位"首领"衰弱到不能控制所带的雌鱼群时,鱼群中就有一条雌鱼会应运而变成雄鱼,并和原来的那条雄鱼争夺"王位",占有它的"妃子"。

在印度洋里,有一种和海葵共生的鱼类,这种鱼群常常是以一条体大的雌鱼为首,率领一些小的雄鱼和更多的幼鱼,回游于热带的珊瑚礁附近。这条最大最老的雌鱼还率领那些小一点的雄鱼不断地攻击幼鱼,破坏它们的性发育,防止它们的性成熟。最为有趣的是,一旦这个鱼群中的"女皇"遭到不幸,雄鱼中最大的一条,便会在两个月内变成雌鱼来继承"女皇"的王位。

太平洋中有一种鳝鱼身兼两种性别,它们在一生中都要经过雌雄两种性别的发育过程。从幼鳝到成鳝,属于雌性的黄鳝,成鳝有产卵的本领。可是,在产过一次卵之后,就变为雄性了。这种奇异的生理变态现象,科学上称之为"性反转"。

可不可以根据人类的需要,用人工的方法使得鱼类变性呢? 实践证明是可以的。比如非洲鲫鱼是一种肉多味美和营养价值很高的鱼类。但是,在自然的环境中雌的多,雄的少,而且雌的生长慢,体形小。为了提高这种鱼的食用和经济价值,在鱼苗孵出不久,往水中施放小剂量的荷尔蒙药剂,数周后,雌鱼就变成雄鱼了,从而鱼的产量可以大大提高。

世界上最懒惰的鱼

世界上最懒惰的鱼是鲥鱼。它是海中一种小体形的鱼类。这种鱼懒惰得连自己吃食也不愿意去找,每当大鱼进食时,它就在大鱼的周围,接食大鱼口中漏食的残羹。再者,它不会游泳,而是靠天生的口中大吸盘,吸住其他大鱼身体,随大鱼到任何喜欢去的地方。它非常熟悉各类大鱼的性格和常去的地方,所以它想去那里,就免费搭上它所需要的"顺路船"。

非洲马达加斯加的渔民们,利用鲥鱼的这种惰性将鲥鱼饲养在用石头围起来的小海湾里。出海捕鱼时,在每条鲥鱼尾巴上系一根绳子,它们吸附在大鱼身上时,渔民一拉绳子,大鱼就可以被捕获。

会发光的蛤蟆鱼

蛤蟆鱼的头部有一个又细又长的杆状器官,顶端上能发射淡蓝色的光。它一般生活在深海底,在海底黑暗的世界里像一盏小灯似的闪闪发亮。它捕获食物的手段就是利用一些小动物好奇地向亮光围拢,其结果是还没等靠近"灯光",就被张着的大嘴一口吞食下去了。

蛤蟆鱼头顶上的小灯之所以发光,是因为它的杆状器官里寄生着一种发光细菌。在这种细菌内含有荧光素和荧光酶,荧光素可以和氧气发生化学反应生成氧化荧光素,荧光酶在其中起着催化作用。在产生氧化反应的同时放出能量,就产生了光。发光细菌不断发光,让蛤蟆鱼取得食物。

可作书签的鱼

我国南海有一种怪鱼,名叫甲香鱼。它的头朝上,尾朝下,挺着肚子,游起来就像人走路那样。这种鱼全身披盖硬甲,体薄透明形态美,且带有香味,晒干后可作为书签用,因而人们美称它为"书签鱼"。

帮人捕鱼的章鱼

太平洋萨摩亚群岛的渔民利用章鱼来捕鱼。他们用绳缚着章鱼,放入海里,当绳子激烈抖动时,把它拉上来,取走章鱼触手中的鱼,然后给章鱼喂一些它喜欢吃的螃蟹,再放入水中。时间一久,章鱼同渔民结下了"友谊",这时不再需要用绳子缚了,它每天按时游到珊瑚礁边,等待主人的赏赐;然后潜入水中,过一会儿便浮出水面,将捕到的鱼交给渔民。

冻不僵的鳕鱼

世界上最不怕冷的鱼是南极的鳕鱼。在南极寒冷的冰水中,它能冻而不僵。这是因为它的血液中含有一种叫糖肌的成分,功效与汽车里的防冻剂相似。

能离水生活的肺鱼

这种鱼产于非洲,能在失水的情况下继续生活4年之久。发生旱灾时,肺鱼就在河底挖一个坑,然后用泥和黏土做一个泥囊,并在其上开一个气孔,把自己封在里面。不多久,泥囊变得又干又硬,可肺鱼却得到了保护。待到下雨时,泥囊溶解,肺鱼就从水中游开了。

第二节 奇能异士——特殊动物趣闻

1. 海中突击队——海豹警察

纽约警方在积极训练一批海豹,以使它们能在接到信号之后,立即潜入人类无法到达的深海区海底去执行任务。据说这些海豹已经能够从深海处确定手枪的位置,并将它带回水面。据训练员介绍,海豹不仅能使落水者脱离绳索的束缚,还能将他们拖出水面,以便人们实施救援。

2. 有奶为娘——会哺乳育婴的鸟

如果说鸟能分泌乳汁,哺乳幼鸟,大概会让你感到奇怪吧。

在南极地区,有一种叫"皇帝企鹅"的鸟,便属于这一类。皇帝企鹅的孵蛋过程就很特别。一般由雌、雄企鹅分别孵蛋。孵蛋期大约为两个月。首先由雄企鹅负责孵蛋,雌企鹅负责出海觅食。雌企鹅一去便是一个多月。当它把自己的胃装得满满的,回到雄企鹅身边时,小企鹅已经破壳而出了。这时候,雌企鹅把嘴伸进小企鹅的嘴里,从自己的嗉囊里吐出一口又一口的流汁食物,让小企鹅美餐一顿。

雄企鹅在妻子"接班"之后,马上便出海去了,一来补充自己孵蛋时的体力消耗,二来也准备带更多的食物回家来喂养小企鹅。

雄企鹅外出期间,雌企鹅完全不能离开子女。先前胃里所装的食物,够小企鹅吃吗? 在进一步的观察中,科学家们终于发现:在雌企鹅的胃壁上有一种分泌腺,可以分泌出一种富有营养的液体,这就是"鸟奶"。

除了这种企鹅,我们常见的鸽子,也是一种半哺乳的鸟类。

当小鸽子出世之后,母亲嗉囊中的粥状物可以喂养它们。这是嗉囊中的一种由腺体分泌出来的奶汁,也是"鸟奶"。

3. 神通广大——啄木雀

要问动物界里谁会使用简单的劳动工具,你一定会说是黑猩猩了。因为黑猩猩与人最相似,也最聪明。可是除此之外,还有一种会使用劳动工具的动物,它就是啄木雀——一种灰色的小鸟。

啄木雀以吃小昆虫为生。在觅食时,它用嘴啄树干,接着把耳朵紧贴树干,专心细听,当发现其中有动静时,就把树皮啄穿,找到树洞中的小虫。如果树洞太深,嘴巴探不到里面,聪明的小鸟会找一根细树枝,衔着树枝的末端,探入洞内,把小虫逗出来。

如果细树枝很适用的话,小鸟就会长期把它带在身边。从一棵树飞向另一棵树,找小虫时就暂时把它放在树缝里。如果树枝太长,经验丰富的小鸟会设法把它截短。如果树枝上有权,小鸟就把权折去。

4. 穿针引线——缝叶鸟

如果你有机会到我国的云南、广西南部一些地区,就可以发现缝叶鸟。它的身体和麻雀差不多大,但是比麻雀要漂亮多了。尖尖的嘴,丰满的胸部,长长而翘起的尾巴,纤巧而细长的腿,使人觉得是那样玲珑可爱。

它全身的毛色也很漂亮:头是棕红色,眼圈呈浅黄色,上身是橄榄绿色,下身是浅棕色,当它在花丛中飞来飞去的时候,真是美丽极了。

它的性情非常活泼,整天在充满阳光的树林、花丛中飞个不停,跳个不停,叫声清脆悦耳。它大概知道人们喜爱它,所以总喜欢飞近人们的住宅和人接近。它平日吃的是昆虫,不吃粮食,对于人类是有益无害的,可以说是人类的好朋友。

使人觉得有趣和惊奇的地方,要算它做窝的技术了。它们的窝不是做在树枝之上,而是做在树枝之下,换句话说,就是挂在树枝上的。这是怎么回事呢?原来它们的窝是利用大树上几片下垂的叶子做的。每年夏季是做窝的季节,它们选好了树叶子,就以自己的尖嘴作针,寻找一些植物纤维或野蚕丝作线,然后穿针引线,把叶子缝在一起。缝的时候,就用双脚抓住叶子,用嘴穿孔,那样子有趣极了。缝完之后,为防止以后脱线,还懂得在收尾的地方打个结。这样缝好的窝是个口袋形,中间铺上柔软的叶子和羽毛,十分舒适温暖,好像是个吊床。

人们对这种奇特的鸟非常感兴趣,有人曾经把它们的窝取下来观察过,发现那窝缝织得非常细密整齐,不愧为动物界的缝纫能手。

5. 叫声奇特——猫声鸟

猫声鸟实际上是一种很文雅的鸟,它们常常躲在枝头上歌唱,歌声相当婉转,可以同画眉鸟媲美。它们只是偶尔改变音调,发出"喵呜,喵呜"的猫叫声。还有在育雏期间,邻居的同类鸟儿遭到敌人侵害、骚扰的时候,所有的猫声鸟都会一起自动发出高亢和愤怒的猫叫声,使敌人受惊,闻声退却。

以其叫声而得名的猫声鸟,生活在北美洲和墨西哥一带,体形较瘦,喜欢在路旁绿阴下的野蔷薇丛筑巢。它们平时吃一些樱桃、草莓、桑葚等果实,更多的是捕食蚱蜢、毛虫、飞蛾、甲虫、苍蝇和蜘蛛等。猫声鸟具有极强的团结友爱精神。雌鸟除对自己的雏鸟尽心爱抚之外,如果同伴中的一只母鸟死去了,其他的猫声鸟会主动地哺育那些失去妈妈的雏鸟,一直到它们羽翼丰满、能独立生活时为止。

当地的农场主不大喜欢猫声鸟,因为它们爱偷吃果园中的少量樱桃和草莓。可是科学家们却为它们鸣不平,指出猫声鸟在果实成熟的一个月里才吃果实,其他的时间里,都是在为农民捕食害虫。猫声鸟的食量惊人,每顿可以吃下30多只蚱蜢呢。

猫声鸟是候鸟。冬天来临,雪花飞舞时,它就飞往中美、南美洲和西印度群岛一带去越冬了。第二年的春天,又飞回北美洲和墨西哥繁育后代。

6. 绿化工人——植树鸟

在秘鲁首都附近,有一种会种树的鸟,令人惊叹不已。

秘鲁首都利马的北部,有一片荒芜的土地,那里从未有人去种植过树木。后来,人们发现那里出现了大片大片的树林,而这些树林的种植者,却是一群叫卡西亚的鸟儿。

卡西亚长得有些像乌鸦,身上长着黑黑的羽毛,白色的脑袋上长着长长的嘴巴,所不同的是,它的叫声比乌鸦要好听多了。

那么卡西亚是怎样种树的呢?原来,它们非常喜欢吃当地生长的一种叫甜柳树的叶子。它们在啄食甜柳树之前,总是先把树的嫩枝咬断,衔着枝叶飞到地上,再用嘴在地上挖个洞眼,将嫩枝插进洞里,然后慢慢地啄食着树叶。甜柳树枝被留在土壤里,很容易生长,要不了几天工夫,就扎根生长起来了。几个月以后,甜柳枝就长成小树了。

卡西亚总是成群地聚在一起啄食甜柳树叶,一起插枝,就这样时间长了,很自然地栽植了大片大片的树林。

卡西亚为人们植树造林,受到当地群众的爱护,谁也不随意捕捉它们,还尊称它们为"植树鸟"呢。

7. 特种部队——喜鹊

喜鹊是一种常见的益鸟。村边大树上,每年春天都有喜鹊来做窝。

喜鹊对人们最大的贡献就是吃害虫、保护森林。松毛虫对松林的危害最为厉害,它能将大片的松林吃光。松毛虫形象可怕,满身毒毛,鸟儿见了都吓得退避三舍,所以松毛虫有恃无恐,肆无忌惮地危害松林。为了对付松毛虫,人们一直在寻找鸟类勇士。人们发现灰喜鹊是位无所畏惧的豪杰。它见到松毛虫,就像遇到可口的美味,毫不犹豫地冲上去,一口叼住松毛虫,然后在树杈上或者石块上连续不断地摔磨与叼啄,一直到松毛虫被折腾得血肉模糊,才放心地食下肚去。灰喜鹊的饭量很大，一天之内能吃下上百条松毛虫。灰喜鹊成为保护森林的大英雄，人们将它拍成电影，称赞它是围剿害虫的天兵天将。

灰喜鹊愿意接受人的驯养，听从人的口令，服从人的指挥，这更是难得的一大优点。经过人工饲养，驯化后的灰喜鹊能听从驯鸟员的调遣，到任何松林里去执行灭虫任务。驯鸟员用笼子把灰喜鹊运到有松毛虫的松林内，打开笼门，放出灰喜鹊。灰喜鹊个个奋勇争先，主动出击。当驯鸟员吹起哨子，灰喜鹊立即飞回笼子旁边休息。它们就像一支特种部队，随时开往需要它的战区。凡是它到达的地方，必是捷报频传。所以灰喜鹊到哪里，都会受到欢迎。

8.鸟中"另类"——珍奇鸟谱

灭火鸟

在尼加拉瓜有一种鸟会灭火，人们称它"灭火鸟"。当它看到哪里起火时，便聚群飞往起火地点，从嘴里吐出黏液将火熄灭。据科学家研究，在它的黏液中含有灭火物质。

鸟灯笼

在非洲的基尔森林里，有一种能当灯笼的鸟——萤鸟。它的身体呈椭圆形，全身杏黄色，头部和翅膀有毛，其余部分却长着一层硬壳。一到晚上，这层硬壳就会闪闪发光，相当于2瓦电灯的亮度。当地居民把这种鸟捉来养在笼子里，就成了一个活的"灯笼"。夜行时提着，用以照明，既方便，又经济。

四翼鸟

鸟生两翼，便能展翅高飞，有的偏要翼外生翅，以便引诱异性。非洲发现一种世上罕见的奇禽——四翼鸟。四翼鸟生活在塞内加尔和冈比亚西部以及扎伊尔南部，是夜游动物，与昼伏夜出、啼鸣悦耳的夜莺同属一科。人们赠给它"四翼鸟"这个美名是不无道理的。到了交尾期，雄四翼鸟便在每只翅膀上生出一根长长的羽翅。飞行时，这两根羽翅就像两面旗帜似的，有时高高地竖立在它身体上面，迎风招展；有时又收翼在身后，偃旗息鼓。观察者感到，这只鸟似乎有四只翅膀。然而有时又产生这样一种印象：似乎有两只小小的黑鸟，尾随其后，紧跟猛赶。

尽管四翼鸟头尾全长 31 毫米,两翼也不过长 17 毫米,然而它的"羽毛旗"却长达 43 毫米。可是交尾期一结束,雄四翼鸟就会折断这两根妨碍它展翅高飞的装饰品。有时可以看到被它咬剩下的长羽毛,秃秃地竖立在它的翅膀上,它们一直保存到下次换毛。给四翼鸟拍照的机会是非常难得的,因为它像夜莺一样,总是昼伏夜出,只在黄昏后的黑暗中飞出活动。英国动物学家麦拉克·科尔发现了昼伏中的四翼鸟,把它惊飞起来后,成功地拍下了一张照片,才使人们看清了这种非洲奇禽的"真面目"。

四只爪的兀鹰

1888 年 4 月间,奥地利萨尔兹动物园发现一只四只爪的兀鹰。它的两只"多余"的鹰爪缩在腹部稍微向上的位置,但与其他正常的爪一样,也能够屈伸和抓东西。

不过,据专门饲养它的鸟类专家禾芬毕图表示,这只兀鹰与一般兀鹰的性格大有不同,它非常胆小怕事,全无凶悍之态。这可能与鹰的激素分泌发生变异有关。

没翅膀的鸟

新西兰有种几维鸟,既无两翼,又无尾巴,不能飞,只能走。全身披着头发似的羽毛,长着一个和身体不相称的长嘴。

会点灯的鸟

印度有一种会点灯的巴耶鸟。这种鸟鸟巢的壁比较厚,巢内很暗。于是,雄鸟便会飞到附近的沼泽地,从那里衔回很黏的泥土,把它粘到巢壁上。然后,又捉来萤火虫,用爪子固定在黏泥土上,使它飞不走。这样一连捉了许多萤火虫,鸟巢内就被照得通明。接着,这种鸟又用同样的方法把鸟巢外部也装饰得一片明亮。远远望去,整个鸟巢如同一盏闪亮的灯。

喷雾鸟

在秘鲁的目不库尔林园,有一种会"洒云喷雾"的小鸟——喷雾鸟。这种鸟的腹囊里有一种绿色的液体。这种液体经过口腔喷出来,在空气里便会蒸发成一种白雾。每只鸟所含的液体可以喷上 1 小时的雾,而且每当液体喷射完了,经过 10～15 天,喷雾鸟又会在腹下液囊里制造出液体来。

据说16世纪初,西班牙殖民军侵占目不库尔时,当地居民和他们展开格斗,正当寡不敌众时,林园里飞来一群喷雾鸟,向着西班牙殖民军喷出了大片大片的白雾。西班牙殖民军以为是中了埋伏,纷纷后退。目不库尔人一举反击,打了一个大胜仗。

花鸟

在非洲西部,有一种奇特的花鸟。小虫飞来时,花鸟会立刻变成一朵色彩艳丽的"花苞"。只要小昆虫一爬进"花苞",它们就会全部被吃掉。花鸟的伪装本领十分高超,不仅能诱骗小昆虫,就是凶残的禽兽,也往往会上花鸟的当。

吃铁鸟

一个铁匠带着一袋子铁钉经过一片大森林,因为天气闷热,在树阴下打了一个盹。当他醒来时,却发现自己的袋子破了,铁钉也少了一大半。他以为是被窃贼偷去了,可是四周没一个人影。后来铁匠却在树林深处发现一群鸟,正在大嚼他的铁钉。原来这种鸟是沙特阿拉伯北部森林中的奇鸟——吃铁鸟。

这种鸟尖头、圆身、黑羽毛,鸣叫的声音难听,就像敲打破铜锣似的。后来一位生物学家捉到一只吃铁鸟,经过解剖,发现它的胃液里盐酸含量特别多,所以它吃了铁后,能很快消化掉。

变色鸟

新疆阿尔泰山区有一种变色鸟,它的羽毛会随着季节的变化而变换颜色。冬天,它变得银装素裹、浑身雪白;春天,它穿上淡黄色的春装;夏天,羽毛变成了栗褐色;秋天,羽毛又变成暗棕色。这种鸟能和外界的变化浑然一体,使它的天敌难以发现。这种鸟外形像鸽子,但比鸽子大。它的学名叫岩雷鸟,是稀有珍禽。

酿蜜鸟

非洲北部有一种酿蜜鸟。它胸下有一个垂囊,在吃食时附生在食道两侧的蜜管就把酿蜜的原料吸到垂囊里,进行加工。一旦垂囊装满了蜜,它就将蜜吐在树枝上,让人们取用。

礼鸟

在非洲的多哥拉斯山上,有一种奇异的小鸟,叫礼鸟。这种鸟头尖、身圆、尾长,全身长着漂亮的翠绿色羽毛,非常惹人喜爱。

它之所以被称为"礼鸟",是因为它常常飞到人们和村庄附近,将嘴里衔的东西投到人们身上或住宅里。投下的东西不是香气扑鼻的野花,就是香甜可口的鲜果,所以当地居民只要看到礼鸟飞来,便欢喜地呼唤和迎接它。礼鸟听到呼唤声,就真的迎声飞来,缓缓地落下,将嘴里衔的东西丢到呼唤者的身上,然后在呼唤者周围玩耍。这时呼唤者给它食物,它会毫不客气地吃个饱。

礼鸟的这种习惯是长期同当地人友好相处的结果。由于它的记忆力很强,它会经常到对它友好的人家去做客。如果人家对它不友好,甚至恐吓或者企图捕捉它,它就永远不会再光临了。

向导鸟

在非洲的山谷里,有的游客如果迷失了方向,正饿着肚子寻找出路,看见一只褐色的小鸟在前面飞,每飞一段路便停下来等待游客时,就抱着希望跟着小鸟前进。鸟飞到一个山洞前停下来,游客会在那里找到一个蜂窝。用火把蜜蜂赶跑,就可吃到香甜的蜂蜜,吃饱了,可以回到宿营地。当地的非洲人告诫说,这种小鸟叫向导鸟,旅客吃蜂蜜时,一定要给小鸟留下一点,否则下次小鸟会将你带到一头狮子面前,或一个令你不愉快的地方。

琴鸟

如果说画眉是大自然的"歌手",那么琴鸟就是"音乐舞蹈家"。它是一种大型的鸣禽,是澳大利亚的特产。这种鸟嘴尖而大,颈部也较长,有三对发达的鸣管肌,鸣声优雅,而且能模仿20多种鸟儿的鸣声。雄鸟比雌鸟漂亮。身上有16根尾羽,外侧一对特别发达,宛如竖琴状,其余尾羽如竖琴纤细的琴弦。平时,整个尾巴拖在后面,但一遇雌鸟,它那琴弦状尾羽高高竖起,且舞且鸣,舞姿婀娜。它不但可模仿其他鸟叫,而且还能模仿自然界中其他动物的声音。

姑娘鸟

丹麦有一种鸟叫姑娘鸟。这种鸟躯体虽然不大,可头上的丝又长又细又密。每逢枝头上出现"姑娘似的发丝"时,人们就高兴地叫喊:"看,漂亮的头发!""美丽的姑娘!"这种发丝是从姑娘鸟的头上吊垂下来的。一只3岁姑娘鸟的发丝是全身长的3~4倍,因此这种鸟的飞翔能力很差。一些爱美的姑娘,都喜欢捕上几只姑娘鸟将它的发丝取下,装饰在自己的头发上,形成长长的披发;

也有的用这种鸟的发丝编织各种轻盈的发丝织物。

拔毛筑窝的绵凫鸟

在严寒的北极,有一种绵凫鸟。它生育以前,忍着剧痛,从自己身上拔下大量的羽毛来筑窝。它用嘴咬着自己的羽毛,脑袋使劲一甩,便拔下一根,每拔一根便痛得颤抖一下。但在这个松软而温暖的羽毛窝里,再厉害的严寒也休想伤害它的儿女了。

自制"棉衣"的裸体鸟

生活在奥地利克利马地区的裸体鸟,除了翅膀、头部和爪部生有羽毛外,全身光秃秃的。冬天到来之前,它就飞到棉田衔来棉花,放在巢里,它无数细小的皮囊能分泌出一种乳黄色的黏液,只要它将身体躺在棉花上一滚,就会穿上一件"棉衣"。到了春天,皮囊上又分泌出一种液体,使身上的棉花迅速浮起,去掉黏着力,将"棉衣"脱去。

看门鸟

在非洲布隆迪农村有许多灰狼,经常三五成群地偷袭农家牲畜,危害极大。为了对付灰狼,当地居民家饲养一种名叫"斯本大"的鸟。这种鸟有一种独特的本领,见了灰狼就用嘴弹石相击,快而准,直至把恶狼赶走。

忘恩负义的杜鹃

春天来到了,杜鹃东跳跳,西唱唱,趁机瞄准将来产卵的场所。

杜鹃一旦见到别的巢中母鸟飞出,它就偷偷地溜进去,把巢中原有的鸟卵衔一个在口中,自己赶快生下一个蛋,然后飞快溜走。

杜鹃大多选择柳莺、苇莺、噪鸦、林鹬、伯劳等鸟的鸟巢产卵。这些鸟就当上了"义母",代杜鹃孵出子女。

小杜鹃被义母孵出之后,靠义母喂养,很快长大。但它极不道德,总是千方百计排挤、陷害同巢的幼鸟。开始,它静悄悄地挤到巢的一边,慢慢潜入到别种鸟卵或幼雏下面,使鸟卵或幼雏滚到它背上。然后,它靠近巢边,猛然用力站起,把鸟卵或幼雏一个个抛出巢外,只留下自己。

会喷香水的鸟

南美洲的丛林中生活着一种羽毛艳丽的"香水鸟"。这种鸟唾液带有奇异的香味。每逢风和日丽的天气,一群群香水鸟就一边唱歌,一边向同伴身上喷射"香水"以作娱乐,顿时,林中香气弥漫。

有人曾将香水鸟关在笼里喂养,企图从它嘴里收集"香水",然而这些鸟在失去自由时,再也没兴趣喷"香水"了。

9.超声波专家——蝙蝠

蝙蝠和鸟只是形似,在本质上有着很大的差异。比如:鸟的喙是角质的,嘴里没有牙齿,而蝙蝠的嘴里却有细小的牙齿;蝙蝠会飞,但它的"翅膀"其实只是异化了的前肢,上面粘连着一层薄薄的翼膜,这和鸟类的羽翼是根本不同的;更明显的不同是,鸟类是卵生的,蝙蝠却是胎生的。因此,无论从哪个角度讲,蝙蝠都和虎、豹、豺、狼一样,是不折不扣的兽类,而不是鸟。只不过,它是会飞的小兽而已。

作为兽类,蝙蝠有一种出奇的本领,在迷蒙的暮色里,捕食在半空中飞行的昆虫,就如探囊取物一般。在科学不甚发达的时代,有人认为蝙蝠一定有一双明察秋毫的"夜明眼"。但现代科学实验证明,这家伙的视力差劲之极,即使咫尺之内的东西,它也视而不见。

那么,蝙蝠扑起昆虫来又怎么会有那样出神入化、百发百中的能耐呢?原来,蝙蝠有一种令人叫绝的"特异功能"。据科学家观察,它的喉咙能发出很强的超声波,而它高高耸立的耳朵又有着非常复杂的结构,成为一个接收超声波的仪器。当超声波在空中遇到空中飞行的小虫,便被反射回来。它的耳朵听到回声,便可以准确判断小虫的位置,然后以迅雷不及掩耳之势直扑过去,把这些家伙捉住,美餐一顿。尤其令人不可思议的是,它甚至可以根据反射回来的声波,准确判断拦路的是食物还是树木、高墙等障碍物,从而做到百发百中、有的放矢。

我们日常看到的蝙蝠多为褐色,也有些为淡红色、黄色、白色,或夹杂有白斑、白纹。它的形体变异也很大,最小的体重仅 1.5 克,最重的一种狐蝠,则重达 1 千克。

总体来看,蝙蝠是一种益兽。它们消灭害虫,传播花粉,扩散种子,可以看做是人类的朋友。但也有些蝙蝠会毁坏作物,传染疾病,骚扰住宅,为人类带来不幸和烦扰。

10. 伪装专家——变色龙

在动物王国里生活着一位奇特的居民,为了迷惑敌人,保护自己,它时常改变体表的颜色,或绿或黄,或浓或淡,变幻莫测。它就是爬行动物变色龙。

变色龙最奇特的本领就是变色。它能够随着环境颜色的变化随时改变体表的颜色。假如变色龙生活在枝叶繁茂的绿树丛中,那么变色龙的体表会变成绿色;假如变色龙栖息在枯黄的树干中间,那么它的体表就会变得暗黄,与粗糙的树皮颜色相差无几。

变色龙为什么能变色呢?科学家经过反复研究,终于发现了其中的奥妙。

原来,在变色龙皮肤里面有着各种色素细胞,它们决定着体表的颜色。这些色素细胞服从神经中枢的指挥,按照神经中枢的命令改变着皮肤的颜色。每当变色龙改变生活环境,神经中枢会根据环境颜色向色素细胞发出命令,让它改变体表的颜色,与环境颜色协调一致。

变色龙为什么要不厌其烦地变来变去呢?原因很简单,变色是它保护自己不被伤害的法术。变色龙是弱小的动物,缺乏自卫能力,万一让敌害盯住,就很难活命了,所以为了生存,在长期的生活中它练就了一身变色本领,以便蒙骗敌人的眼睛。

变色龙还有比其他动物高明的地方,那就是它的眼睛与众不同。它的左右两眼能够各自独立运动,一只眼睛向上看的同时,另一只眼睛却能向前看,或者向下看,或者向后看,即使身体不动,它对周围情况也能一览无余,了如指掌。

11. 海归游子——"四不像"

我国的野生动物中,有这么一种看上去什么都像,细端详又什么都不像的怪兽——麋鹿。它的头脸似马、角似鹿、颈似驼、尾似驴,因而叫四不像。

麋鹿原是我国的特产,曾经广泛分布于我国中部和北部的低洼沼泽地带。3000多年前的商、周时期,它成群结队地漫游于黄河流域一带。以后,由于自然环境的变异,它的数量不断减少。到清代前期,只有北京南海子皇家猎苑中还饲养着一群。

19世纪中叶,麋鹿的怪模样引起了外国人的注意。法、英、德、比利时等国的外交官和传教士,通过贿赂猎苑守卫、明抢暗偷、巧取豪夺等手段,弄走了一批,饲养在各自国家的动物园里。但在我国,由于清朝末年内忧外患,战火连绵,使麋鹿数量不断锐减。1900 年,八国联军侵入北京,南海子皇家猎苑被洗劫,其中的麋鹿或被劫运海外,或做了砧上之肉。这种珍稀动物,自此便在我国绝灭了。

麋鹿是一种特殊的鹿科动物,草食性。雄鹿有角,但没有眉叉。尾巴比一般鹿长,还生有丛毛。在形体上,它可算鹿类家族中的大个子,一般体长约 2 米。随着季节的改变,它的毛色也随之改变。冬天显棕灰色,夏天呈淡红褐色。它那两条得天独厚的长腿,使它奔跑起来十分迅捷。尤其令人不可思议的是,它虽然长得其貌不扬,却是个游泳的好手。这家伙外表温顺,内里刚猛,如果有天敌来打它的主意,无论是人还是食肉类猛兽,它都敢用自己的角作武器,结结实实地和对方打上一架。

麋鹿的繁殖能力极低,每胎只生 1 仔,孕期却长达 10 个月。这也是它在激烈的生存竞争中种群逐渐减少的原因吧。

麋鹿在中国绝迹了,在海外却得到了繁衍生息。在世界动物保护组织的协调下,英国政府决定无偿向中国提供种群,使麋鹿回归家乡。受尽坎坷的海外游子麋鹿,终于得以重归故土了。为了保护这种珍稀动物,我国在北京南海子为它们重建了家园,并在江苏省大丰县开辟了麋鹿自然保护区,使它回归自然。

12. 奇异王国——奇蛇录

盾尾蛇

斯里兰卡有一种蛇,尾巴像盾牌,人们称它为盾尾蛇。这种蛇头尖,尾大而扁平,酷似一面盾牌,上面有鳞甲一样锐利的棘状突起,遇到袭击就翘起尾巴来还击,似针刺般厉害。

果色蛇

巴西草原有一种无毒蛇,浑身呈绿色,头为椭圆形。它的舌尖上长有果子形的圆舌粒,跟樱桃的形状很相似。当它伸出舌头时,不少小鸟误认为是果子,因啄食而丧生。

蜡烛蛇

在非洲几内亚湾的一个小岛上,生长着一种全身赤红似火的蛇。这种蛇身上含有大量脂肪,舌头的含油量很高。当地居民把它捉住,去掉内脏,串上纱芯,缚在铁棒上点燃,比煤油灯还亮。一条蜡烛蛇可燃点三四个晚上。

气功蛇

西班牙的马德里,有一种蛇像人练功一样,能承受很大压力。它横卧在山路中央,疾驶而来的汽车从它身上轧过去后,它摇摇脑袋又爬走了。汽车为何轧不死它?原来这种蛇腹部生有个吸气囊,能使吸进的气通遍全身。

撒粉蛇

马尔加什的岛上有种神奇的蛇,它经过的地方会留下一条银白色的带子。这种白色带子对它们很有用处。它们离窝远了常迷路,于是撒下粉末,回去对照旧痕迹就能找到"家"。这种粉末是它体外蜕出的皮干燥后变成的。

变色蛇

马达加斯加岛上有种颜色时常变化的蛇,当地人叫它拉塔那。这种蛇游到青草丛全身立即变成青绿色;伸缩在岩石下或盘缠在枯木上,则马上变成褐黑色;把它放在红色土壤上,全身又很快红得像胭脂一样,它真有瞬息万变的本领。这种蛇头小,身肥,喜欢捕食各种害虫和老鼠。

飞蛇

生活在南亚、东南亚地区和中国福建、广东、云南等地的金花蛇,攀缘能力特别强,能沿着陡岩峭壁笔直地向上爬行。它常常将细长的尾巴缠绕在树枝上,以惊人的速度将身体一转,凌空滑翔,飞往另一根树枝或降落地面,故名为飞蛇。

食牛蛇

中南美洲有一种无毒蛇,巴西人称之为苏库里蛇。它有好几米长,如小水桶粗,深绿色,背部和腹部两侧各有一条点状的黑色虚线,头顶有一块钢盔似的角质板,用来保护头部。它具有很强的进攻能力。猎羊不在话下,像牛这样的庞然大物它也照吃不误。它捕食的方法巧妙极了:先躲在岸边的丛林里,趁牛走来之际,突然蹿出缠住。可牛也不好对付,它就设法把牛拖下水。蛇和牛在水中搏斗,蛇就明显占了优势,因为它有两个能够关闭的鼻孔。它将牛越缠越紧,使其失去控制能力,不久就淹死了。然后它把牛拖上岸来,把牛骨揉碎,使牛成为一根特别的"香肠",又在"香肠"上涂上一层又黏又滑的液体,而后从牛尾部开始狂嚼大咽起来,最后只剩下一个牛头。

吃完后,蛇身胀得又粗又大。蛇皮也变得像一张半透明的玻璃纸,就连蛇肚子中的牛骨、牛毛都隐约可见。它胀得不能动弹,只好就地休息。远远看去,这盘着休息的苏库里蛇活像一个牛头蛇身的可怕怪物。据说它饱餐一顿之后,一睡就是好几个月,昏睡中的苏库里蛇不仅失去了进攻的能力,也失去了一切自卫能力。

13. 意趣众生——蚂蚁奇闻

掠夺奴隶的蚂蚁

有一种名叫蓄奴蚁的,专干掠夺别的蚂蚁来做自己奴隶的勾当。它们先派出几个蚂蚁去侦察,当发现别的蚁巢后,就冲进去杀死守卫的兵蚁,然后从腹部分泌出一种信息激素,大队蓄奴蚁便蜂拥而来,专门抢劫蚁蛹,叼上一个就往回跑。当这些被掠来的蛹孵化成蚁后,不认得回去的路,只能给蓄奴蚁当奴隶了。这些可怜的蚂蚁奴隶专门从事搬运食物、建筑仓库、修巢铺路、挖掘地道等工作,还有的则在育儿室里当"保姆",为主人饲养小蓄奴蚁或孵化劫掠来的普通蚁蛹。这些蚂蚁奴隶从不反抗,忍辱负重地干活,直至死亡。

酗酒的蚂蚁

有一种棕纹蓝眼斑蝶的幼虫,能分泌出令蚂蚁垂涎的甜汁。当蚂蚁在路上遇到这种毛虫时,就用触须刺它一下,毛虫被刺后便装死躺下了。于是蚂蚁立即发出信息激素,招来了自己的同伴,大家齐心协力,把这条肥肥的毛虫拖回了蚁穴。一顿美餐开宴了,全窝蚂蚁从四面八方爬上毛虫躯体,伸长触须,贪婪地吸吮着毛虫肚子上分泌出来的甜汁。奇怪的事发生了,不一会儿,只见蚂蚁们像醉鬼一样,一个个都醉倒了。而那条毛虫并没有死去,相反在蚁巢里找到了所需要的食物——蚂蚁的幼虫和卵,趁着蚂蚁醉倒之际,美美地饱餐一顿。几天后,毛虫变成了蛹,又化作蝴蝶从蚁巢里飞走了。而蚂蚁却因贪食甜汁而开门揖盗,醉倒之后又听任毛虫吞掉自己的儿女,弄得家破人亡。

吃蛇的蚂蚁

在南美洲的热带丛林里,有一种食肉游蚁,能向毒蛇发起进攻。热带丛林里毒蛇很多,但蚂蚁更多。当食肉游蚁碰到在草丛中睡觉的毒蛇时,它们立即蜂拥而上,把毒蛇团团包围起来,步步紧逼。一接触到蛇的身体,一些游蚁就发起进攻,狠狠地咬住不放。毒蛇被剧烈的疼痛惊醒后,开始自卫反击,向四周猛冲猛撞,企图突出重围。但寡不敌众,黑压压的蚁群布满蛇的全身,和毒蛇扭成了一团,它们还边咬边吞食蛇肉。几小时后,地上就只剩下一条细长的蛇骨架了。

在亚马孙河岸边有一种却蚁,喜欢游行和游猎。虽然个儿不大,但敢攻击大蟒蛇。它们常趁蟒蛇熟睡之际,十几万只却蚁一起行动,一拥而上,用尖利的颚牙拼命地撕咬。蟒蛇疼痛醒来后,在地上乱滚,企图蹭掉满身的蚂蚁。可是却蚁紧咬不放,一条大蛇也敌不过这么多蚂蚁的嚼咬,最后只得被群蚁蚕食,剩下一副庞大的骨架。

新西兰的邦牙岛上也有一种能吃蛇的黄色蚂蚁,叫拉纳摩亚林布埃,翻译成中文是"食蛇蚁"。它们除了集体行动进攻蛇类外,还能从嘴里吐出一种含有烈性腐蚀酸黏液。蛇体遇到这种黏液,便皮开肉绽,只得任蚁宰割。

为同伴贡献自己的蚂蚁

在美国的科罗拉多州有一种名叫蜜蚁的蚂蚁,特别喜欢有蜜源的植物。一旦遇上就狼吞虎咽,吃得肚皮胀到最大限度为止。这并不是它贪吃,而是在饱餐之后立即赶回蚁巢,碰上没有进食的伙伴,便主动吐出一点蜜来供它们吃。有时竟把胀鼓鼓的一肚子蜜汁全部贡献给大家,致使自己饿瘪了肚子也毫无怨言。

帮鸟洗澡的蚂蚁

有一种掠鸟,常常从天空中飞落到大群蚂蚁中,蓬松开羽毛,在地上不断翻转着身体,让蚂蚁咬嚼着身上的脏东西。掠鸟一会儿身体的这一侧躺在蚁群中,一会儿另一侧扑地,舒服得吱吱直叫。这就是鸟类的蚂蚁浴。因为鸟类翼下皮肤上有许多寄生虫,蚂蚁爱吃这些小虫,蚁酸又可以赶走这些小虫,所以这些鸟爱用蚂蚁浴来清洗自己的羽毛。

保护树木的蚂蚁

能保护、养育自己的一种树叫蚁栖树。这种树的外形像蓖麻,生长在巴西。这是一种叫益蚁的重要食粮。"小球"被益蚁吃掉后还会再长出来,不断保证供应益蚁的需要。森林里还有一种破坏树木的蚂蚁叫啮叶蚁,专吃树叶,危害很大。每当这种害蚁爬上蚁栖树来啮食树叶时,益蚁便会倾巢而出,把啮叶蚁一个个咬死。因此,蚁栖树总能越长越茂盛,郁郁葱葱发育起大片树林。

14. 彩蝶翩翩——蝴蝶云集蝴蝶泉

云南大理有一眼清泉,人称"蝴蝶泉",泉边生有一株古老的蝴蝶树。每当春末夏初,繁花满树,20多种蝴蝶绕树盘旋飞舞,上下翩跹,美不胜收。尤其是农历四月十五前后,蝴蝶牵连成串,从蝴蝶树上一直垂到蝴蝶泉中,令人叹为观止。

蝴蝶为何飞至蝴蝶泉呢?生物学家从昆虫和生态环境之间找出了答案。

云南大理蝴蝶泉旁边的山谷,气候湿润,花草茂密,环境条件极适合蝴蝶生活和繁殖,所以那儿春夏季节蝴蝶聚集成群。清泉旁边的那株蝴蝶树开满白色的花,花的形状酷似蝴蝶,能散发出浓郁芬芳的气味,香气扑鼻,这香气引诱群蝶前来造访。再者,蝴蝶树的叶子上经常分泌出一种黏液,颜色油亮,是蝴蝶喜欢吃的美食。这些优厚的物质条件,吸引附近的蝴蝶前来光顾。蝴蝶连须钩足,成群成串地垂吊于树枝,在树下交配、产卵……便形成了一年一度的自然奇观。

同样的现象在台湾也曾出现。台湾省南部的山谷,因为与海岸线垂直,又有丛林作为屏障,冬季冷风无法吹进,山谷中草木依然青翠,所以高山地带的各种蝴蝶迁飞入谷,聚集成群,数目常常超过百万只。每当黎明时分,万道霞光穿过丛林,照射到蝶翅上,闪紫映红,变幻无穷,形成独特的自然奇观——人们称它是"紫蝶幽谷"。

很显然,蝴蝶集会只是为了寻找一个适宜生活的环境罢了。

15. 纺织专家——蜘蛛和它的网

在希腊神话里,蜘蛛是纺织巧匠的化身。

蜘蛛靠它的网而生存。蛛网有很强的黏性,小昆虫一触及,有翅难逃。但蛛网粘不住蜘蛛自己。因为它身上有滑润剂,而且躲在蛛网的中心圆形部分休息,穿梭时主要沿纬丝爬动,而中心部分和纬丝不具有黏性。在蜘蛛肛门附近有六个纺织器,能产生多种不同的丝线。在显微镜下对它们观察,会看到这些纺织器犹如人们灵巧的手,拉丝、梳理,合丝为线,如流水一般。蛛丝是多种腺体的共同产物,它是由许多根不同的、更细的丝混纺而成。丝线是一种骨蛋白,在体内时为液体,排出体外遇到空气,立即硬化为丝。在人们心目中,蛛丝是不堪一击的。但实际上,蛛丝跟同样直径的钢丝相比,强度还要大一些,水下有些蛛网,甚至可以网住小鱼。

蛛网大小不等,形状各异。圆网蛛的网很大,形如车轮;树林间棚蛛的网如棚;珠腹蛛的网似笼;水蜘蛛的网像钟;草蜘蛛的网则和吊床极为相似。有的蜘蛛能织出一片密网,安装在草秆上,它在微风中展开,像船上的风帆。南美洲有一种蜘蛛,它的网很小,只有邮票那么大。这种蜘蛛没有守候的耐性,总是用前面的四条腿扯着网,见有合适的过客,随时将网蒙过去,捕而食之。

很多蜘蛛结网是在破晓前进行,因为此时温度最低。如果空气潮湿,蜘蛛会停止结网,因为蛛丝中含有的胶状物很易吸收水分而失掉黏性。上述两点,是蜘蛛能预报天气的原因。

1794年深秋,拿破仑进军荷兰,在紧急关头,荷兰人抽开了水闸,用洪水阻挡法军。拿破仑被迫撤军。在后退途中,有人发现许多蜘蛛在忙着结网,这预示着干冷天气就要到来。拿破仑当机立断,下令就地待命。果然,天生寒潮,江河封冻,拿破仑军队踏冰进攻,荷军大败。

蜘蛛结网是专心致志的,即使外边闹翻了天,它仍有条不紊地在织自己的网。编一个网一般只要25分钟,如受风等其他环境影响,则可能要多花一两倍的时间。有些老谋深算的蜘蛛,还会在网下另加一条保险带。

同其他动物一样,蜘蛛也经历了一个漫长的进化过程。最早的蜘蛛,仅会扯一条独丝,像晒衣绳那样单调。

有些蜘蛛网,独特而坚韧,为当地人所妙用,下面列举两例。

天然渔网

在巴布亚新几内亚,人们用来捕鱼的渔网很特别,它不是人工织成的,也不是用机器生产的,而是由当地的蜘蛛织成的。人们只是把渔网的基底织好,然后把"半成品"挂在两棵树之间,再由蜘蛛去完成大部分的织网任务。

原来,巴布亚新几内亚的蜘蛛与众不同,它们吐出的蛛丝非常坚固结实。据说,用这样的蛛丝织成的网是很理想的天然渔网,人们拿它来捕鱼,足可以用两个星期。

蜘蛛丝编制手套

在法国国家研究院陈列室里,收藏着许多科学家发明创造的珍品。其中有一双人类第一次用人造纤维织制的手套,它是现代形形色色的人造纤维的起点。这双手套是法国科学家卜翁研制成功的,而启示他从事人造纤维研究的就是蜘蛛。蜘蛛既然能吐丝结网,人也一定可以模仿蜘蛛的身体结构制造机器,人工生产纤维。为此,他大量地喂养蜘蛛,仔细地进行观察,并解剖其各器官,观察它吐丝结网的情形。然后再取出蜘蛛腹中的胶液,抽成细丝,用这种细丝做原料。经过反复试验,终于制成了这副人造丝手套。虽然不美不牢,无法与目前的人造丝手套媲美,但这副蜘蛛丝织的手套却是人类进入人造纤维王国的门槛。

16. 鲜为人知——蜘蛛的生活方式

蜘蛛的生活方式一向十分隐蔽,极少叫人知晓。它们的恋爱、婚配、生育也是一个不易弄清的奥秘。

有人研究蜘蛛的生殖,说蜘蛛是运用唱歌、跳舞的方式求婚,追逐异性。有的人摇头说,蜘蛛整天在蛛网上爬来爬去,怎么会唱歌、跳舞呢? 它只会捕捉飞虫罢了! 其实在蜘蛛家族中,能够吐丝结网、捕捉飞虫的蜘蛛,不超过家族成员的一半,另一半是不会织网的。不会织网的蜘蛛就用歌声来联络异性,表露爱心,达到配对交尾的目的。

蜘蛛的歌声从哪里来? 昆虫学家发现,它嘴边上有白色的“小棒”。小棒摩擦能发出双音节的颤音,知音者听到这特殊的信号,便向它奔来。有的雄蜘蛛用第一对足叩击地面,发出节奏明快的旋律,像车轮碾地的声音;有的雄蜘蛛用肚皮撞击地面,上下一起一伏,每隔 3～5 秒钟撞击一次,这声音在雌蜘蛛听来如同最动听的华尔兹,爱心立刻为它所动。

用跳舞来求爱是结网蜘蛛的专长。因为它们舞姿翩翩,但不大会使用歌喉。雄蜘蛛跳舞的舞台,当然是自己编织的那张网。它舞动细脚,用劲儿牵拉蛛网的辐射线,并且有节奏地踏动网丝,好像是节奏急促的小快步舞。雌蜘蛛对于这种快步舞蹈是很为之倾倒的,它对于雄蜘蛛的求婚,感到快活,它早就盼望这位年轻舞蹈家上门求爱。

生物学家认为蜘蛛的这些奇特的求婚方式,是在生存竞争中出现的。由于雌蜘蛛大多数是近视眼,生性又残忍,即使在相爱时也会凶相毕露,一口将情人吃掉,所以爱情生活对于雄蜘蛛来说,一半是"天堂",一半是"坟墓"。它们既然要爱,就需要做好为求婚而勇于殉情的准备。长此以往,雄蜘蛛学得聪明了,不得不采取谨慎的方式,用歌舞试探对方,绝不敢贸然行事。只有当雌蜘蛛心境处在最佳状态时,才敢大胆去求婚。即使如此小心翼翼,还免不了遭到灭顶之灾,真使雄蜘蛛举步维艰呢!

17. 蛛行天下——奇异蜘蛛种种

捕鱼蛛

捕鱼蛛分布很广,除了南美洲,几乎各洲都有它的足迹。捕鱼蛛生活在水面,虽不会游泳,但有时却能钻入水底。为了避敌和捕捉猎物,它经常从一个立足点移到另一个立足点。人们常在池边、河边发现捕鱼蛛后腿抓住树叶秆,其余腿和触肢轻轻拍打水面,耐心地等待猎物。

捕鱼蛛虽不结网,但水面就是它的蛛网。如有昆虫落在水面,也难逃出它的手掌。最有趣的是它的捕鱼技巧。它先用触胶在水面上轻拍,以引诱周围的鱼类。一旦有鱼上"钩",它就跳上鱼背,先用两只含有毒液的螯扑刺入鱼体,随后把鱼拖到水面,拉到干燥的地方(因为泡在水中,毒液会被冲淡,失去效果),紧接着就把鱼悬挂在树枝上,最后享受其美味。捕鱼蛛也常在水下跟踪鱼类。有时钻到水中的树枝上,埋伏、偷袭猎物。

这种蛛虽名曰捕鱼蛛,但并不是天天捕鱼,有的甚至一生中从未捕过鱼,仅靠食虫为生。

吃鸟的蜘蛛

在南美洲有一种很大的蜘蛛。这种蜘蛛有鸭蛋那么大,吐的丝又粗又牢,在树林里结网,经常用网捕捉小鸟。

水蜘蛛

它长时间逗留在水下,用肺叶呼吸,在水面行走如若平地。其独特之处是它全身披有厚毛,可以带着空气泡沉到水里,然后像打气一样,将空气挤入水下的巢穴里。如此往返多次,使巢里充满干的空气而鼓起来,母水蜘蛛就在巢里产卵过冬。

猎人蛛

澳大利亚境内有一种世界上最大的蜘蛛。它相貌丑陋,但具有猎人般的本领,是捕捉蚊虫的好手,被当地人称做"猎人蛛"。

澳大利亚的蚊子猖獗,夜间人们睡不好觉,于是请彻夜不眠的猎人蛛守夜,简直是最好的卫士。猎人蛛有八条腿,靠脚上的探测器能准确无误地活捉所有敢于来犯的蚊子。为了适应环境,它精心地织出五彩缤纷的卵袋,用颜色和这种方式保护卵子,繁殖后代。

世界上最毒的蜘蛛

澳大利亚悉尼市北部有一种生活在灌木丛或草地上的黑蜘蛛。它身上有一个毒囊,其中有毒性极强烈的毒汁,人、兽或家禽被它咬伤,几分钟内便有丧命的危险。它是世界上最毒的蜘蛛。

投掷蜘蛛

在南美洲的哥伦比亚有一种蜘蛛,体内能合成某些蛾类的性外激素。每当蛾类交尾季节,这种蜘蛛将自己体内的蛾类性外激素放出,特别是在有风的天气,处于下风的蛾,真假难辨,便逆风而上,寻求自己的伴侣,但它们得到的是葬身于蜘蛛之口。

这种蜘蛛并不像其他蜘蛛那样拉网捕食,因为它不会拉网。但它有奇特的捕蛾办法,它把自己分泌的丝滚成圆球,用丝线连于自己的螯肢上。当有蛾子自己送上门来时,这种蜘蛛便准确地将黏丝球猛地一掷,击中飞蛾,并黏着它之后,便将绳子收回。由于这种捕食方式,人们称这种蜘蛛为"投掷蜘蛛"。

会唱歌的蜘蛛

美国佛罗里达大学生物学家杰尔德·爱德瓦尔斯发现了一种会唱歌的蜘蛛。这种蜘蛛的上下颌相互摩擦会发出一种特殊的声音,雄蜘蛛就是通过歌声寻求配偶的。

守商店的蜘蛛

伦敦一位名叫哈斯维尔的百货商店老板,每晚用两只毒蜘蛛守店。这种毒蜘蛛身上具有一种致命的毒素,一旦被它刺中,轻则剧痛终日,长期不愈,重则一命呜呼。因此一提到毒蜘蛛,许多英国人就感到不寒而栗,退避三舍。

编窗帘的蜘蛛

南美洲的这种蜘蛛有鸽蛋那么大,它们常常几十只聚在一起,吐出一种比蚕丝还粗的十分坚韧的彩色蛛丝,集体编织。它们编织的网是方形的,中间有八卦图案,有红的,有绿的,当地居民把这种蛛网当做花纹美丽的窗帘挂在窗户上。

陷阱门蜘蛛

非洲有种陷阱门蜘蛛,它尾部呈环状杯形。当外敌来侵犯时,它就把尾部朝外堵住洞口。有些爬虫误把蜘蛛尾巴当洞穴,往前钻行,这时候,这种蜘蛛就会放出一种毒液,"陷阱门蜘蛛"的名字就是这样得来的。

不会结网的蜘蛛

有一种不会结网的蜘蛛,叫蝇虎。它们善于跳跃,专门以捕捉苍蝇为食。

18.另面人生——龟趣

家养的小狗、小猫可以听人指挥,马戏团里驯化的狮子、黑熊能够表演节目,那么乌龟这种笨拙的爬行动物,能否接受调教、听人话呢?我国上海有位生物教师,在自己家中喂养了多只乌龟,每日进行培训,结果发现乌龟也是"孺子可教"的。经过一段时间的严格训练,乌龟表现很乖,能听从主人吩咐。

乌龟有点灵性,或者说它很聪明。主人下班归家,听见开门声乌龟便纷纷从脸盆爬出,表示对主人的欢迎,有些胆大的竟然爬上主人脚面,像孩子似的撒欢,讨主人欢心。主人离家出门,故意不锁屋门,乌龟自己撞开房门,爬到庭院散步。主人归后只需拍几下巴掌,乌龟立即快步回屋。乌龟喜欢清洁,不随地便溺。

乌龟的感情颇为丰富,情绪经常发生变化。有的乌龟脾气急躁,在聚餐的时候,如果主人没有先喂它食物,它就在脸盆内翻滚,让坚硬的龟壳碰得脸盆叮当作响,意在抱怨主人:"为啥不先喂我?"主人扔下一块瘦肉,两只乌龟争抢不休,没有得手的那只乌龟立刻用绝食表示愤怒,无论主人怎样劝慰,它坚决不吃。

乌龟虽然不善于打斗,但是一旦发生纠纷,打起架来却如同狮虎一样猛烈,结果必有一方战死,另一方即使获胜,也是奄奄一息,体力耗尽,所以养龟的主人是不让它们使用拳脚、诉诸武力的。

19. 灵蛇龟动——奇龟种种

冰龟

在坦桑尼亚的飞达浦山区有一种冰龟,它的体温经常保持在零下。当盛夏来临时,居民把它捉来放在菜橱里,可以起到冷藏作用,食物不易变馊。冰龟既不融化,又能忍饥挨饿,所以比冰块还好哩。

火龟

在马里有个名叫萨拉卡的地方,整天热浪袭人,居民们只得把门窗关闭起来。当地有一种能祛除热气的火龟,居民们将它们一只只串起来,遮在窗户上面,就能防止热气冲入室内。

双头龟

美国的一位动物商人养了一只双头、绿色的海龟。为了表示公平,每天喂它吃东西时,总是两个头一起喂,食物的分量也是一样。据爬行动物研究专家称,出现双头龟的原因很可能是本来可以成为双胞胎的小家伙没有正常将其身体分开。但无论如何出现这种事都是值得研究的。

绿毛龟

这是一种特有的观赏龟。龟背上长着细长而浓密的绿毛,最长的毛有25厘米左右。绿毛龟通常在洁白的盆缸里供人赏玩,是外贸出口的高档动物之一。日本、东南亚以及欧美各国把它看成是吉祥如意、延年益寿的象征。

香味龟

在尼日尔的喀道牧村,有一种奇特的香味龟,它的头顶上有一个香腺,能放出非常浓烈的香味。由于这种香味能杀死霉菌,又不会使食物变质,当地居民常常把香味龟放在食品柜里,以防止食物腐烂。

20.气象学家——鳖

这是一个叫人难以置信,然而却是真实的故事。

故事发生在 1976 年盛夏,几位渔民沿着河岸缓缓行走,仔细地寻找着鳖卵。当时洪水刚刚过去,河床的两侧还留有洪水的痕迹。他们寻找了一会儿,终于在岸边高处沙滩上找到了鳖卵。经过实地测量,发现鳖卵产地距离洪水痕迹高出 6 米,一位有经验的老渔民断言道:"今年还有一次更大的洪水!在鳖产蛋后的 30 天左右,洪水就会到来!"

事实果然不出老渔民所料,不久这里就连续下起暴雨,河水迅速上涨,淹没了晚稻。河水水位正好涨到距离第一次洪水水位 6 米高的地方,紧紧挨着鳖卵产下的沙窝。

这难道是巧合吗? 不,因为他们接连发现,河岸的鳖卵沙窝都不约而同地处在同样一个高度,这暗示着某种生物学的内在规律,这能不说明一个问题吗?

于是人们开始议论纷纷,做着各种各样的猜测。而动物学家们则从鳖的生活习性、居住环境、繁殖后代等多方面进行研究。

鳖产卵的位置、时间与洪水水位和洪水到来的时间,究竟存在什么关系?

鳖卵产下以后,要经过 30 天左右才能孵化成幼鳖。如果洪水水位很低,或者洪水迟迟不来,鳖卵所处的位置很高,那么刚刚孵出来的幼鳖,在爬向河中的时候,会因路途太长,不能进入河水之中,而中途干死。

相反,幼鳖尚未出世,而洪水提前到达将鳖卵冲跑,它同样遭到繁殖后代的失败。因此,若想让后代安全出世,还真要动脑筋认真算一算呢! 只有鳖将产卵的时间、地点与洪水到来的时间、地点保持一致,鳖才能不断繁衍生息,否则就会被大自然淘汰。

看来鳖经过祖祖辈辈的生活经验,已经计算好了这个数字,科学家对此还要继续进行研究。

21. 千斤力士——鼋

鼋是与龟、鳖同一类的爬行动物,身躯硕大,体力强悍,堪称"大力士"。

鼋是一种性情温和、行动迟缓的爬行动物,平常喜欢藏在水底栖身。夏天它每小时要浮上水面换气三四次,冬天则隐在水底黄沙中冬眠。

鼋食量很大,但也可以数十天不吃东西,它有异乎寻常的耐饥力,而且个性极强。

鼋脾气倔强,一旦被人擒住,它会采取绝食的方式表示反抗。这时它立即将吞入肚中的螺蚬、石块一股脑儿吐出来,以死相要挟。

鼋对人来说还是友好的。它在平静的生活中是不伤人的,还有点羞于见人,瞧到人影便迅速沉入深水中,避之唯恐不速。假若有人对它不礼貌进行挑衅,在河岸将它围困、逗引、嬉戏、踢打,那么它会恼羞成怒,对你不客气,突然向你攻击,趁你不备之时伸头咬你一口,而且咬住不放。

鼋的捕食也自有绝招。它习惯于伏击,先埋身于河底黄沙之中,仅露鼻子与眼睛在外面,当有鱼儿游近时,它张嘴伸颈,以迅雷不及掩耳之势将鱼儿咬住。这办法几乎是百发百中。

鼋在我国仅分布在云南、广东、福建、浙江、江苏等地,自然界的江河湖泊中数量已经很少。鼋可以人工养殖。

22. 先礼后兵——动物特殊性格

先来瞧瞧响尾蛇吧! 响尾蛇的尾巴会发出声响来。这类蛇发出声响的器官是角质的环,环既坚硬,又轻巧,尾巴剧烈地摇动,便产生"咻咻"的声音。当响尾蛇遇到敌人,例如野兽、猛禽或猎人,它立刻竖起尾巴,不停地摇动,发出清晰的声音。这是响尾蛇在警告面前的敌人,如果对方对它的警告不予理睬,那么它可真的要反攻了。看来毒蛇通常并不主动咬敌人,在与敌人相遇时,也希望和平解决纷争,只是在性命遭到危险时才亮出毒牙。响尾蛇的做法岂不是先礼后兵?

大猩猩在先礼后兵方面,表现得更加强烈。它对威胁自身安全的敌人,先是聒噪大叫,几只大猩猩异口同声地狂呼乱叫,捶胸顿足,仿佛要拼命向你冲击,让你感到异常恐怖。然后大猩猩的行动突然中止,静观敌人的态度。假若敌方无动于衷,它们再重复一遍佯攻、威吓的战术,企图吓退敌人。此时敌人如果还是赖着不走,那么大猩猩为了自身的安全,不能不采取行动,进行自卫反击战了。看来大猩猩也是尽力避免发生战争,在万不得已的情况下,才诉诸武力的。

动物的先礼后兵,在鸟类中也常见到。猫头鹰遇到敌人,先是竖起全身羽毛,使身躯膨胀两倍,借此警告敌人赶快撤退。冠鹤的办法是展开两只翅膀,双目怒视敌人。它们这种先礼后兵的战术,通常是会收到效果的。敌人不战自退,避免了一场你死我伤的战祸。

23. 懒惰成性——蜂猴

如果有人问:"什么动物最好动?"你一定会马上想到那整日蹦蹦跳跳、攀岩渡崖、没半刻安分的猴子。大自然中的事物就是这样奇怪,因为世界上最懒的动物也是猴——蜂猴。

蜂猴属于灵长目,看上去是蛮可爱的一种小动物。它身披蜂黄色的毛,背中央还有一道深栗色的红色直线,搭配得煞是好看。它的个头不大,外形有点像猫,眼睛又大又圆,周围有一道黑圈,宛若戴着一副现代派的墨镜。它的身体又粗又胖,一看就知道过的是养尊处优的生活。

蜂猴太懒了,简直已经懒到了令人难以理解的程度。白天它生活在树洞或树枝间,把身体蜷缩成一个毛茸茸的圆球球,一睡就是一天。晚上,它睁开眼睛,开始在树枝上慢腾腾地爬行,遇到可吃的东西,就随便吃上一点。也许为了减少活动量,它吃得很慢、很少。为了不动嘴,几天不吃也是常事,即使有敌害袭来,它也只是慢条斯理地抬头看上一眼,就不理不睬了。因此,它又得了一个雅号:懒猴。

蜂猴动作虽然慢,却也有保护自己的绝招。由于它一天到晚很少活动,地衣或藻类植物得以不断吸收它身上散发出来的水汽和碳酸气,竟在它身上繁殖、生长,把它严严实实地包裹起来。这可帮了蜂猴的一个大忙,使它有了和生活环境色彩一致的保护衣,很难被敌害发现。因此,它又得了一个雅号:拟猴,意思就是它可以模拟绿色植物,躲避天敌伤害。

蜂猴是灵长类进化中相当原始的种类。也许因为太懒了,懒得连逃跑的"运动"都不做,所以尽管它有模拟"绝活",数量还是不断锐减。

蜂猴生活在热带、亚热带的密林中,这些地方天敌较少,气候温暖湿润,四季如春,到处都是四季长存的草食树果,触手可及,张口可食。人们说,这才养成了它懒得不能再懒的生活习性。

蜂猴每次只生一胎,偶尔也有双胞胎的。所幸的是,它还没有懒到连孩子也懒得生,否则,这一物种可就真是绝灭了。

不过,"物以稀为贵",由于蜂猴存世数量不多,反而使它跃身于珍稀动物之列,成了被保护的对象。对蜂猴来说,这是幸运的。

24.人文关怀——动物学校

驯象学校

泰国政府于 1968 年建立了世界上仅有的一所驯象学校。小象在这里经过 5 年训练,象的主人即可为它拿到毕业文凭,这头小象也就取得了被分配到全国 30 多个林业站去工作的资格。凡是劳动期满 25 年的象,能享受"退休"待遇。

金丝鸟学校

南斯拉夫的彼里兹连城有一所金丝鸟学校。欧亚许多地方的金丝鸟都在这里进行训练。驯养人员用录音机播放歌曲给金丝鸟听,让它们学唱。对于勤奋好学的"学生",驯养人员以喂好吃的食物来作为奖励。

猩猩学校

印度尼西亚于 1973 年开办了一所猩猩学校。小猩猩在学校里训练的课题是如何适应热带丛林生活。自开办以来,学校已经给上百只来这里训练的小猩猩发了"毕业证书",让它们到大森林里去生儿育女,过独立生活。

驯犬学校

法国南部的葛拉马特市有一所驯犬学校。驯养员对挑选进校的纽芬兰种犬进行潜水训练。这种犬身材高大,善于游泳,又较耐寒。经过驯养,它们能长时间潜伏水底。在天寒、风大的情况下,它们可代替潜水员从事抢救和打捞活动。

动物演员学校

英国有一所专为电影制片厂和电视台驯养各种动物演员的学校。来这里接受专门训练的有熊、虎、象、狗、猫、山羊、松鼠等动物。这些"学生"经过特别训练后，要进行考试，合格者方可发给"毕业证书"，然后分配到电影厂和电视台去充当动物演员，为广大观众表演精彩的节目。

25.奇闻轶事——动物摆渡

牛渡

印度尼西亚有一种名叫黑贝的牛。它躯体大，四肢粗壮，泅水能力强，能在河中长时间地泅渡，因此它成为人们喜欢的水上交通工具。它泅水时，背部露出水面，十分平稳。人们在它背上放个能容纳人和货物的树皮筐。"渡船"的舵手由赶牛人担任。在他的指挥下，牛载着乘客能从渡口游到对岸，有的甚至能沿河游到更远的地方去。牛渡虽然速度不快，但它水陆通行，省去了由于河流的阻挡在陆地上兜圈子的时间，而且它十分安全，所以受到乘客们的欢迎。

马渡

在非洲加纳沃尔特河的支流萨韦伊河口，没有桥梁，渡口的主人驯养了几十匹善于泅水的年富力强的马。泅水时，马背高出水面。乘客要渡河，只要向主人交纳渡河费，便有马工骑着马在前面引路，乘客骑着渡马跟随过去。马渡比牛渡快，但只能渡乘客一人和随身携带的物品。

象渡

在非洲热带地区一些乡村的河口，总是拴着一头经过特别训练的大象。大象既会游泳，而且力气又很大，脾气很温顺，听从人的指挥，因此渡河者只要向象主人打过招呼，交上渡河费，就可以骑着大象安安稳稳地过河，显得神气十足。

羊渡

在非洲索马里南部的吉尼亚，生活着一种奇特的水羊。它比一般的羊要大两三倍，双角弯而长，眼睛红色。它喜欢生活在水里，肚子下面具有非常浓厚的牦毛，所以它能浮在水面上不会下沉。当地群众不仅把水羊供食用，而且还作为渡河的交通工具。

蟒蛇渡

在非洲加纳特河的毕索渡口,人们用蟒蛇作渡船。渡口的主人从当地山中捉一种巨蟒,名叫雪花蟒,对它进行专门的驯养和训练,使它学会了拖渡。渡河时,渡口主人将牵引绳一端系在雪花蟒的身上,另一端系在用树木钉成的方形渡架的铁环上。这样,雪花蟒就会拖着渡架,安稳地渡过河去。这种巨蟒渡河的拖载重量可达1吨,速度还比人力快一两倍哩。

海龟渡

住在热带太平洋中一些岛屿上的居民,常用大海龟作为水上的渡船。大海龟体重200~300千克,体长2米,四肢像桨。它在陆地上爬行显得笨拙,但在海洋中游动十分灵活,速度很快。海龟能听从人们的指挥,按人们指定的方向、地点快速游去。

鳄鱼渡

鳄鱼不是鱼,它与龟、蛇同属于爬行动物。鳄鱼性情残暴,使人望而生畏。可是在非洲的一些地区,人们常使用被驯服的鳄鱼作为渡河的工具。它载着乘客从渡口游向对岸。不过乘客要有胆量,不惧怕鳄鱼才行。

26. 地质专家——有寻找矿藏本领的动物

很多年以前,在某个山区曾经发生过这样一件趣事:一家农户在过中秋节的时候杀了只鸭子。当清理鸭子肠胃的时候,竟然发现了一粒黄金,足有两钱多重。

不久,鸭子肚里生黄金的消息传开了,人们奔走相告,议论纷纷。这个消息很快被地质勘探队的科研人员知道了,他们经过仔细研究、分析,断定农户居住的地方附近有金矿。于是他们立即实地勘察,不久便在一条小溪的上游,找到了一个藏金量很大的金矿。

那么鸭子肚里的黄金是怎么来的呢?原来鸭子在小溪中经常寻找小鱼小虾来吃,偶然的一个机会,它吞进了混入沙子中的金粒,于是鸭子的肚里便出现了黄金。由于勘探人员懂得这个道理,便断定附近有金矿的存在。

鸭子帮助人们发现矿藏的事已称不上奇闻,因为动物协助人们发现矿藏的记录在世界各国都有。相传赞比亚的铜带省罗昂地区,曾经有一位猎人猎获一只羚羊,当他背走被箭射中的羚羊时,发现羚羊血迹印在石头上竟然出现了绿色的铜锈斑!猎人迷惑不解,便将这事报告了地质科学家。科学家对此高度重视,他们在羚羊经常出没的山区进行勘查,终于发现了一个大型的铜矿。由于羚羊长期生活在这里,常吃含铜元素较多的草,因此血液中的含铜量较高,所以才会发现地下的秘密。鸟类、兽类等大多数动物都能帮助人们发现矿藏,白蚁、蜜蜂等小动物也能担负找矿的重任。比如发现蜂蜜中含有大量的钼或钛元素,就可以在蜜蜂采集花蜜、花粉的范围内找到钼矿或钛矿。

在自然界中,不仅动物能找矿,许多植物也能够帮助人们寻到宝藏。这是因为土壤中某种元素增多,会反映到植物身上,于是人们据此便知道了地下的秘密。动植物这种奇特的寻矿作用,越来越受到科学家的高度重视。

第四章　妙趣横生——动物成语

第一节　形象生动——动物成语的故事

1. 大小相宜——蚕食鲸吞

如蚕一般慢吃桑叶,像鲸一样猛吞食物。比喻用种种方式侵占、吞并。孙中山《兴中会宣言》:"蚕食鲸吞,已效尤于接踵,瓜分豆剖,实堪虑于目前。"

蚕是鳞翅目,蚕蛾科的昆虫,以家蚕为代表。

2. 相辅相成——不入虎穴,焉得虎子

东汉时,汉明帝召见班超,派他到新疆去,和鄯善王交朋友。班超带着一队人马,不怕山高路远,一路跋涉而去。他们千里迢迢,来到了新疆。鄯善王听说班超出使西域,亲自出城迎候。东道主把班超奉为上宾。班超向主人说明来意,鄯善王很高兴。

过了几天,匈奴也派使者来和鄯善王联络感情。鄯善王热情款待他们。匈奴人在鄯善王面前说了东汉许多坏话。鄯善王顿时黯然神伤,心绪不安。后来,他拒不接见班超,态度十分冷淡,甚至派兵监视班超。班超立刻召集大家商量对策。班超说:"只有除掉匈奴使者才能消除主人的疑虑,两国和好。"可是班超他们人马不多,而匈奴兵强马壮,防守又严密。

班超说:"不入虎穴,焉得虎子!"这天深夜,班超带了士兵潜到匈奴营地。他们兵分两路,一路拿着战鼓躲在营地后面,一路手执弓箭刀枪埋伏在营地两旁。他们一面放火烧帐篷,一面击鼓呐喊。匈奴人大乱,结果全被大火烧死,乱箭射死。

鄯善王明白真相后,便和班超言归于好。

这个成语比喻不亲历艰险就不能取得成功。

3. 舍生取义——飞蛾扑火

飞蛾向火里飞,比喻自寻死路,自取灭亡。也可写成"飞蛾投火"。《梁书·到溉传》:"如飞蛾之赴火,岂焚身之可吝。"鲁迅先生在《秋夜》一文中描述过当他面对这些投向灯火的小飞蛾时,激起了赞赏之情。

飞蛾是鳞翅目昆虫中的一大类,与蝴蝶相对应。其腹部短而粗,休止时翅膀呈屋脊状,多在夜间活动,具有趋光性,喜欢聚集在光亮处,因此民谚有"飞蛾扑火自烧身"的说法。人们利用该习性,用黑光灯(其波长更适合昆虫的视觉)来引诱蛾类,既可用来捕杀害虫,也可用来采集蛾类标本。

4. 微不足道——九牛一毛

汉武帝(刘彻)听说李陵带着部队深入到匈奴的国境,士气旺盛,心里很高兴。这时,许多大臣都凑趣地祝贺皇帝英明,善于用人。后来李陵战败投降,武帝非常生气,原来祝贺的大臣也都反过来责骂李陵无用和不忠。这时,司马迁站在旁边一声不响,武帝便问他对此事的意见。司马迁爽直地说李陵只有五千步兵,却被匈奴八万骑兵围住,但还是连打了十几天仗,杀伤了一万多敌人,实算是一位了不起的将军了。最后因粮尽箭完,归路又被截断,才停止战斗。李陵不是真投降,而是在伺机报国。他的功劳还是可以补他的失败之罪的。武帝听他为李陵辩护,又讽刺皇上近亲李广利从正面进攻匈奴的庸儒无功,怒将司马迁下在狱里。次年,又误传李陵为匈奴练兵,武帝不把事情弄清楚,就把李陵的母亲和妻子杀了。廷尉杜周为了迎合皇帝,诬陷司马迁有诬陷皇帝之罪,竟把司马迁施予最残酷、最耻辱的腐刑。司马迁受到了这种摧残,痛苦之余,就想自杀;但转念一想,像他这样地位低微的人死去,在许多大富大贵的人眼中,不过像"九毛亡一毛",不但得不到同情,且更会惹人耻笑。于是决心忍受耻辱,用自己的生命和时间来艰苦地、顽强地完成伟大历史著作《史记》的写作。

司马迁把他这种思想转变的情况告诉好友任少卿,后来的人便是根据他信中所说的"九牛亡一毛"一句话,引申成"九牛一毛"这个成语,用来比喻众多数量里的一点点,极少,很轻微。

5. 坐享其成——守株待兔

解释:守在树桩旁边,等待撞死的兔子。原是韩非对墨守成规的讽刺。后常用来不主动努力,妄想不劳而获,或不知变通。

述源:《韩非子·五蠹》

战国时期,宋国国王去世,新王继位。新王奉行前朝制度,见国力不增,人民生活每况愈下,新王忙碌之余,不得甚解,便请教贤臣,贤臣就讲了这样一个故事:

宋国古时有个种田的人,每日劳累,生活却总是不见改善。一日农夫在田里劳作,忽然见到一只野兔从田里蹿出。农夫跟进,野兔惊慌逃之,不慎撞到一棵树上,倒地不动。农夫到树旁捡起野兔,已颈断而亡。农夫大喜,就放下农具待在树旁,想着等在树下就能捡到野兔,这比终日劳作要轻松多了。于是农夫天天守在树旁,等候兔子再次撞到树上。但很长时间也没有等到,而地里的庄稼却无人管理,杂草丛生,毫无收成。旁人都笑他是个懒汉,想不劳而获。

先王的制度,已不能满足当前国内的实际情况,人心思变,大王却是墨守成规,妄想其成,不知变革,这与农夫终日守株待兔有什么区别呢?新王听罢,便纳谏用贤,励精图治,颁布新政,受到百姓拥戴,宋国也逐渐强盛起来了。

6. 多此一举——画蛇添足

解释:比喻多此一举,弄巧成拙。

述源:《战国策·齐策二》:"楚有祠者,赐其舍人卮酒。……未成,一人之蛇成,夺其卮曰:'蛇固无足,子安能为之足?'遂饮其酒。为蛇足者,终亡其酒。"

战国时期,楚将昭阳率精锐之师攻打魏国,连战皆捷,攻克八座城池。昭阳得意之余欲率军趁胜攻伐齐国。楚将陈轸见部队连续激战,虽情绪高昂,却已是疲惫之师,急需休整,便竭力劝阻昭阳伐齐,并讲了一个故事:楚国有个庙宇主人春祭,赏赐给看守庙宇的几个人一壶酒。人多酒少,难以分配,此时有人提议说:"仅这一壶酒不如让一个人喝个痛快。让我们来个画蛇比赛,在地上画蛇,看谁先画好,谁就独喝此壶酒。"大家一致表示同意。约定时间,大家同时开始在地上画蛇,其中有个人画得最快,很快就把蛇画好了,这壶酒就归了他。但他看其他人都还没有画好,得意之余,便想表现自己,显示自己的本领,于是一手提着酒壶,一手提笔,别出心裁地说:"我还要替蛇画几只脚呢!"正当他提笔给蛇画脚的时候,其中一人已将蛇画好,伸手夺过正在加画蛇足人手中的酒壶说:"蛇是没有脚的,你何必替它画脚呢?"说罢,便张口喝起酒来。给蛇画足的人只好呆呆地站在一边,懊丧地看着别人喝酒。

陈轸的意思是说,楚军已经取得了辉煌的成绩,现在正是得胜回朝的时候,军队可以养精蓄锐,我们也可受到楚王的赏赐和人们的赞扬;如以疲惫之师攻打有备的齐国,一旦失败,就会前功尽弃,遭到楚王的处罚和人们的唾骂。

7. 为时未晚——亡羊补牢

这故事出自《战国策》。战国时期,楚国有一个大臣名叫庄辛,有一天对楚襄王说:"您在宫里面的时候,左边是州侯,右边是夏侯;出去的时候,鄢陵君和寿跟君又总是跟随着您。您和这四个人专门讲究奢侈玩乐,不管国家大事,郢(楚都,在今湖北省江陵县北)一定要危险啦!"

襄王听了,很不高兴,骂道:"你老糊涂了吗?故意说这些险恶的话惑乱人心吗?"

庄辛不慌不忙地回答说:"我实在感觉事情一定要到这个地步的,不敢故意说楚国有什么不幸。如果您一直这样做,楚国一定要灭亡的。您既然不信我的话,请允许我到赵国躲一躲,看事情究竟会怎样。"

庄辛到赵国才住了五个月,秦国果然派兵侵楚,襄王被迫流亡。襄王这才觉得庄辛的话不错,赶紧派人把庄辛找回来,问他有什么办法。庄辛很诚恳地说:"我听说过,羊跑掉了才补羊圈,这还不迟……"

这是一则很有意义的故事。只知道享乐,不知道如何做事,其结果必然是遭到惨痛的失败。

"亡羊补牢"这个成语表达处理事情发生错误以后,如果赶紧去挽救,还不为迟。

8. 珍稀动物——珍禽奇兽

解释:珍贵的飞禽和罕见的走兽。

述源:《尚书·旅獒》:"犬马非其土性不畜,珍禽奇兽不育于国。"周武战胜殷商之后开通了通往四方各族的通道,西方的旅国献巨犬,太保召公就写了《旅葵》来教导和劝谏武王。

《旅獒》要求武王要敬慎德行。文中说,现在四方各国都来归附,不论远近都进献本国的特产,所进献的只不过是些吃、穿、用、玩的东西而已。贤明的国君把这些贡品拿出来给异姓的诸侯观赏,还分赐给他们,为的是使他们不荒废职责;分赐宝玉给同姓邦国,为的是以此来显示亲族之情。人们固然没有轻视那些贡品,但是应以德行的眼光看待它们,德行高尚的君王是不会轻视侮慢官员的,不然的话就没有人替他竭心尽忠了;轻视侮慢百姓,人民就不会拥戴他。只要不沉湎于声色,朝政事务就能处理得井然有序。如果迷恋于宠爱的女色,就败坏了高尚的德行;迷恋于自己所喜爱的物品,就会丧失进取的方向。只有坚定不移地坚持公理,才能正确无误地分辨是非曲直。多做有益于百姓的事才能成功,不能因看重奇异之物而轻视平常物品。犬马不是土生土长的不予畜养,就是珍禽奇兽也不在国内畜养。不看重远方的物产,远方的人反而会前来归附,君主要珍视的应该是有用的贤才,这样人们就能安居乐业。

9. 左右为难——骑虎难下

解释:比喻做事遇到困难,迫于形势又无法中止,陷入进退两难的境地。

述源:《晋中兴书》:"今之事势,义无旋踵,骑虎之势,可得下乎!"

晋成帝司马衍时,叛将苏峻和祖约率军攻入都城,挟持晋成帝。江州刺史温峤组织了以征西将军陶侃为盟主的联军征讨叛军。由于叛军势大,而联军将少粮缺,初战接连失利。陶侃见军心浮动,心中焦急,就对温峤说:"现在军中大将奇缺,粮食也所剩无几,如果再不能添将增粮,我只能下令撤军,待条件具备再起兵吧!"

温峤耐心地劝说:"现在皇上蒙难,国家处在危急关头,我们仗义讨伐逆贼,乃正义之师。苏峻、祖约之辈欺世盗名,有勇无谋。目前叛军势猛,我军又遇许多困难,但这是暂时的,只要联军上下团结一致,定可以寡敌众。现正是我们杀敌报国的时候。现在我们就像骑在猛兽背上,中途怎么能下来,只有勇猛向前,才有出路!"

陶侃听了温峤的劝告后,激励众将士齐心协力,克服重重困难,一举平定了叛乱。

10. 心有余悸——惊弓之鸟

解释:指受过箭伤,闻弓弦声而惊堕的鸟。比喻受过惊遇有事情就害怕惊慌的人。

述源:西汉·刘向《战国策·楚策四》:"……雁从东方来,更羸以虚发而下之。魏王曰:'然则射可至此乎!'更羸曰:'此孽也。'王曰:'先生何以知之?'对曰:'其飞徐而悲鸣。飞徐者,故疮痛也;悲鸣者,久失群也。故疮未息,而惊心未去也,闻弦音引而高飞,故疮陨也。'"

战国末期,天下诸侯联合抗击秦国。赵王派魏加去见楚国的春申君,对他说:"您出征大将的人定了吗?"春申君说:"定下来了,我准备委任临武君为主将。"魏加说:"我年轻的时候喜欢射箭,我愿意用射箭的事来打个比方,可以吗?"春申君说:"当然可以。"魏加说:"从前,更羸和魏王一同站在高台的下面,抬头看见一只飞鸟,更羸对魏王说:'臣下为大王表演一个只拉弓虚射箭就能使鸟掉下来的技术。'魏王问:'你射箭的技术难道就高超到这种程度吗? 这不是开玩笑吧。'更羸说:'我可以做到。'过了一会儿有只大雁从东方飞来,更羸一拉弓弦虚放一箭,那大雁竟应声落地。魏王说:'你射箭的技术真的到了这种地步吗?'更羸说:'这是一只有箭伤的鸟。'魏王问:'先生怎么知道的呢?'更羸回答说:'它飞得很慢,并且叫声悲哀,飞得慢是因为原先的伤口疼,叫声悲哀是因为长久失群,旧的伤口没有愈合,惊慌的心理没有消除,听到弓弦的声音急忙鼓动翅膀向高处飞,结果原先的伤口破裂,使它掉下来了。'临武君是个曾经被秦国打败的将领,他犹如惊弓之鸟,不可以委任他为抵抗秦军的主将。"

11. 充耳不闻——对牛弹琴

解释:比喻说话不看对象,对外行说内行话或对不讲理的人讲理。

述源:汉·牟融《理惑论》:"公明仪为牛弹清角之操,伏食如故,非牛不闻,不合其耳矣。"

古代有个很有名的音乐家公明仪,能弹得一手好琴,但轻易不给人弹。在城里住着太过嘈杂,便搬到农村幽静处,饮酒弹琴,好不痛快。一天,他见牧童骑牛放牧,吹着竹笛,悠闲自在,便突发奇想:人们都说我弹琴到深处,听者都想翩翩起舞,我何不弹奏一首欢快的曲子,让牛给我跳舞呢? 于是公明仪就认真地弹奏起来,弹得满头大汗,但牛只是低头吃草,无动于衷。公明仪很是丧气,手按在琴上,无意间发出"哞哞"之声,那牛立即竖起耳朵,抬头望着。公明仪自觉可笑:"牛把我的琴所发出的声音当成是小牛叫了。"

12. 目光短浅——井底之蛙

一口废井里住着一只青蛙。有一天,青蛙在井边碰上了一只从海里来的大龟。

青蛙对海龟夸口说:"你看,我住在这里多快乐!有时高兴了,就在井栏边跳跃一阵;疲倦了,就回到井里,睡在砖洞边一会儿;或者只留出头和嘴巴,安安静静地把全身泡在水里;或者在软绵绵的泥浆里散一会儿步,也很舒适。看看那些虾和蝌蚪,谁也比不上我,而且我是这个井里的主人,在这井里自由自在。你为什么不常到井里来游赏呢?"

海龟听了青蛙的话,倒真想进去看看。但它的左脚还没有整个伸进去,右脚就已经绊住了。它连忙后退了两步,把大海的情形告诉青蛙说:"你看过海吗?海的广大,何止千里;海的深度,何止千丈?古时候,十年有九年大水,海里的水涨不了多少;后来,八年有七年大旱,海里的水也不见得浅了多少,可见大海是不受旱涝影响的。住在那样的大海里,才是真的快乐呢!"

青蛙听了海龟的一番话,吃惊地待在那里,再没有话可说了。

13. 亦步亦趋——马首是瞻

解释:意为古代作战时,士兵要看主将的马头决定进退。现在用来比喻服从指挥或者乐于追随。

述源:《左传·襄公十四年》:"荀偃令曰:'鸡鸣而驾,塞井夷灶,唯余马首是瞻。'"

战国时,晋悼公联合了十二个诸侯国攻伐秦国,指挥联军的是晋国的大将荀偃。

荀偃原以为十二国联军攻秦,秦军一定会惊慌失措。不料秦景公已经得知联军心不齐,士气不振,所以毫不胆怯,不想求和。荀偃没有办法,只得准备打仗。他向全军将领发布命令说:"明天早晨,鸡一叫就开始驾马套车出发。各军都要填平水井,拆掉炉灶。作战的时候,全军将士都要看我的马头来定行动的方向。我奔向哪里,大家就跟着奔向哪里。"

想不到荀偃的下军将领认为太专横了,反感地说:"晋国从未下过这样的命令,为什么要听他的? 好,他马头向西,我偏要向东。"将领的副手说:"你是我们的头,我听你的。"于是也率领自己的队伍朝东而去,这样一来,全军顿时混乱起来。

荀偃失去了下军,仰天叹道:"既然下的命令不能执行,就不会有取胜的希望,一交战肯定让秦军得到好处。"他只好下令将全军撤回去。

14. 车马稀少——门可罗雀

解释:失势时,门前可以张网捕雀。形容门庭冷落,宾客稀少。

述源:《史记·汲郑列传论》:"下邽翟公有言,始翟公为廷尉,宾客阗门;及废,门外可设雀罗。"

西汉著名的史学家、文学家司马迁,曾经为汉武帝手下的两位大臣合写了一篇传记,一位是汲黯,另一位是郑当时。汲黯,字长孺,濮阳人,景帝时,为"太子洗马",武帝时,做过"东海太守",后来又任"主爵都尉"。郑当时,字庄,陈郡人,景帝时,担任"太子舍人",武帝时,担任"大农令"。这两位大臣都为官清正,刚直不阿,曾位列九卿,声名显赫,权势高,威望重,上他们家拜访的人络绎不绝,出出进进,十分热闹,谁都以能与他们结交为荣。

可是,后来他们丢了官,失去了权势,就再也没人去拜访他们了。

开封的翟公曾经当过廷尉。他在任的时候,登他家门拜访的宾客十分拥挤,塞满了门庭。后来他被罢了官,就没有宾客再登门了,结果门口冷落得可以张起网来捕雀了。

15. 疑神疑鬼——杯弓蛇影

解释:误把映入酒杯中的弓影当成蛇。比喻因错觉而疑神疑鬼,自己惊扰自己。

述源:汉·应劭《风俗通·怪神》:"……时北壁上有悬赤弩照于杯,形如蛇。宣畏恶之,然不敢不饮……"

有一年夏天,县令应郴请主簿(办理文书事务的官员)杜宣来饮酒。酒席设在厅堂里,北墙上悬挂着一张红色的弓。由于光线折射,酒杯中映入了弓的影子。杜宣看了,以为是一条蛇在酒杯中蠕动,顿时冷汗涔涔。但县令是他的上司,又是特地请他来饮酒的,不敢不饮,所以硬着头皮喝了几口。仆人再斟时,他借故推却,起身告辞了。

回到家里,杜宣越来越疑心刚才饮下的是有蛇的酒,又感到随酒入口的蛇在肚中蠕动,觉得胸腹部疼痛异常,难以忍受,吃饭、喝水都非常困难。

家里人赶紧请大夫来诊治。但他服了许多药,病情还是不见好转。

过了几天,应郴有事到杜宣家中,问他怎么会闹病的,杜宣便讲了那天饮酒时酒杯中有蛇的事。应郴安慰他几句,就回家了。他坐在厅堂里反复回忆和思考,弄不明白杜宣酒杯里怎么会有蛇。

突然,北墙上的那张红色的弓引起了他的注意。他立即坐在那天杜宣坐的位置上,取来一杯酒,放在原来的位置上。结果发现,酒杯中有弓的影子,不细细观看,确实像是一条蛇在蠕动。

应郴马上命人用马车把杜宣接来,让他坐在原位上,叫他仔细观看酒杯里的影子,并说:“你说的杯中的蛇,不过是墙上那张弓的倒影罢了,没有其他什么怪东西。现在你可以放心了。”

杜宣弄清原委后,疑虑立即消失,病也很快痊愈了。

16. 草木皆兵——风声鹤唳

解释:形容惊慌疑惧,自相惊扰。

述源:《晋书·谢玄传》:“坚众奔溃……闻风声鹤唳,皆以为王师已至。”

公元 383 年,前秦国君苻坚组织 90 万大军,南下攻打东晋。东晋王朝派谢石为大将,谢玄为先锋,带领 8 万晋军迎战。

苻坚认为自己兵多将广,有足够的把握战胜晋军。他把兵力集结在寿阳东的泥水边,等后续大军到齐,再向晋军发动进攻。

为了以少胜多,谢玄施出计谋,派使者到秦营,向秦军的前锋建议道:“贵军在泥水边安营扎寨,显然是为了持久作战,而不是速战速决。如果贵军稍向后退,让我军渡过淝水决战,不是更好吗?”

秦军内部讨论时,众将领都认为,坚守淝水,晋军不能过河。待后续大军抵达,即可彻底击溃晋军。因此不能接受晋军的建议。

但是,苻坚求胜心切,不同意众将领的意见,说:“我军只要稍稍后退,等晋军一半过河,一半还在渡河时,用精锐的骑兵冲杀上去,肯定能大获全胜!”

于是,秦军决定后退。苻坚没有料到,秦军是临时拼凑起来的,指挥不统一,一接到后退的命令,以为前方打了败仗,慌忙向后溃逃。

谢玄见敌军溃退,指挥部下快速渡河杀敌。秦军在溃退途中丢弃了兵器和盔甲,一片混乱,自相践踏而死的不计其数。那些侥幸逃脱晋军追击的士兵,一路上听到呼呼的风声和鹤的鸣叫声,都以为晋军又追来了,于是不顾白天黑夜,拼命地奔逃。就这样,晋军取得了"淝水之战"的重大胜利。

17. 道貌岸然——狐假虎威

战国时代,当楚国最强盛的时候,楚宣王曾为了当时北方各国都惧怕他的手下大将昭奚恤,而感到奇怪。因此他便问朝中大臣这究竟是为什么。

当时,有一位名叫江乙的大臣,便向他叙述了下面这段故事。

从前,在某个山洞中有一只老虎,因为肚子饿了,便跑到外面寻觅食物。当它走到一片茂密的森林时,忽然看到前面有只狐狸正在散步。它觉得这正是个千载难逢的好机会,于是,便一跃身扑过去,毫不费力地把狐狸擒住。

可是当它张开嘴巴,正准备把那只狐狸吃进肚子里的时候,狡黠的狐狸突然说话了:"哼!你不要以为自己是百兽之王,便敢将我吞食掉。你要知道,天帝已经命令我为王中之王,无论谁吃了我,都将遭到天帝极严厉的制裁与惩罚。"老虎听了狐狸的话,半信半疑,可是当它斜过头去,看到狐狸那副傲慢镇定的样子,心里不觉一惊。原先那股嚣张的气焰和盛气凌人的态势,竟不知何时已经消失了大半。虽然如此,它心中仍然在想:我因为是百兽之王,所以天底下任何野兽见了我都会害怕。而它,竟然是奉天帝之命来统治我们的!

这时,狐狸见老虎迟疑着不敢吃它,知道它对自己的那一番说辞已经有几分相信了,于是便更加神气十足地挺起胸膛,然后指着老虎的鼻子说:"怎么,难道你不相信我说的话吗?那么你现在就跟我来,走在我后面,看看所有野兽见了我是不是都吓得魂不附体,抱头鼠窜。"老虎觉得这个主意不错,便照着去做了。

于是,狐狸就大模大样地在前面开路,而老虎则小心翼翼地在后面跟着。它们没走多久,就隐约看见森林的深处,有许多小动物正在那儿争相觅食,但是当它们发现走在狐狸后面的老虎时,不禁大惊失色,四散狂奔。

这时,狐狸很得意地掉过头去看看老虎。老虎目睹这种情形,不禁也有一些心惊胆战,但它并不知道野兽怕的是自己,而以为它们真是怕狐狸呢!

狡狐之计是得逞了,可是它的威势完全是因为假借老虎,才能凭着一时有利的形势去威胁群兽。而那可怜的老虎被愚弄了,自己还不知道呢。

因此,北方各国之所以畏惧昭奚恤,完全是因为大王的兵全掌握在他的手里,那也就是说,他们畏惧的其实是大王的权势。

从上面这个故事中我们可以知道,凡是借着权威的势力欺压别人,或借着权力作威作福的,都可以用"狐假虎威"来形容。

18.因小失大——饮鸩止渴

解释:比喻用有害的方法解决眼前的困难,而不顾其严重的结果。

述源:《后汉书·霍谞传》:"譬犹疗饥于附子,止渴于鸩毒,未入肠胃,已绝咽喉。"

东汉时,担任过廷尉的霍谞从小勤奋好学,少年时代就读了大量儒家经书,在当地出了名。霍谞有个舅舅名叫宋光,在郡里当官。由于他秉公执法,得罪了一些权贵,被他们诬告篡改诏书,从而押到京都洛阳,关进监狱。

宋光下狱后,霍谞的心情一直不平静。当时霍谞虽然只有十五岁,但各方面都已经比较成熟。他从小常和舅舅在一起,对舅舅的为人非常清楚,知道舅舅不可能干这种弄虚作假的事。他日思夜想怎样为舅舅申冤,最后决定给大将军梁商写一封信,为舅舅辩白。信中有这样一段话:"宋光作为州郡的长官,一向奉公守法,以便得到朝廷的任用,怎么会冒触犯死罪的险去篡改诏书呢? 这正好比为了充饥而去吃附子,为了解渴而去饮毒酒。如果这样的话,还没有进入肠胃,咽喉就先烂了。他怎么可能这样做呢?"梁商读了这封信,觉得很有道理,对霍谞的才学和胆识也很赏识,便请求顺帝宽恕宋光。不久,宋光被免罪释放,霍谞的名声也很快传遍了洛阳。

19.众口铄金——三人成虎

战国时代,互相攻伐,为了使大家真正能遵守信约,国与国之间通常都将太子交给对方作为人质。

魏国大臣庞恭,将要陪魏太子到赵国去做人质,临行前对魏王说:

"现在有一个人来说街市上出现了老虎,大王相信吗?"

魏王道:"我不相信。"

庞恭说:"如果有第二个人说街市上出现了老虎,大王相信吗?"

魏王道:"我有些将信将疑了。"

庞恭又说:"如果有第三个人说街市上出现了老虎,大王相信吗?"

魏王道:"我当然会相信。"

庞恭又说:"街市上不会有老虎,这是很明显的事,可是经过三个人一说,好像真的有了老虎。赵国国都邯郸离魏国国都大梁,比这里的街市远了许多,议论我的人又不止三个,希望大王明察才好。"

魏王道:"一切我自己知道。"

庞恭陪太子回国,魏王果然没有再召见他了。

这故事是讽刺魏惠王无知的。后用这个成语比喻谣言惑众,蛊惑人心。

20. 枉费心机——与虎谋皮

解释:与老虎商量,要谋取它的皮。比喻商讨的事情与对方(一般指坏人)利益产生冲突,不可能办到。

述源:《太平御览》卷二〇八引《符子》:"欲为千金之裘而与狐谋皮,欲具少牢之珍而与羊谋其羞。言未卒,狐相率逃于重丘之下,羊相呼藏于深林之中。"

鲁国的国君想让孔子担任司寇,便去征求左丘明的意见。左丘明回答:"孔丘是当今公认的圣人。圣人担任官职,其他人就得离开官位,您与那些因此事而可能离开官位的人去商议,能有什么结果呢? 我听说过这样一个故事:周朝时有一个人非常喜欢穿皮衣服,还爱吃精美的饭食。他打算缝制一件价值昂贵的狐狸皮袍子,于是就与狐狸商量说:'把你们的毛皮送给我几张吧!'狐狸一听,全逃到山林里去了。他又想办一桌肥美的羊肉宴席,于是去找羊说:'请帮帮我的忙,把你们的肉割下二斤,我准备办宴席。'没等他说完,羊就吓得狂呼乱叫,互相报信,一齐钻进树林里藏了起来。这样,那人十年也没缝成一件狐狸皮袍子,五年也没办成一桌羊肉宴席。这是什么道理呢? 原因就在于他找错了商议的对象。你现在打算让孔丘当司寇,却与那些因此而辞官的人商议,这不是与狐谋皮,与羊要肉吗? 二者有何不同?"

第二节 活灵活现——描写动物的成语

汉语成语的运用是语言传播的又一特殊手段。无论是在口语中，还是书面语中，人们都广泛地使用各种成语。汉语成语有着自己独特的形式，即绝大多数成语为四字词组，因此，成语在传播中会起到简洁、鲜明、生动的作用。在汉语成语中，动物形象的使用更是随处可见，有些成语则妇孺皆知，如"鸦雀无声"、"狼吞虎咽"、"挂羊头卖狗肉"等等。

汉语成语中使用的动物多种多样。凡人类所知道的动物，在成语中一般都有反映。从野生的豺狼虎豹，如"狼狈为奸"、"豺狼当道"、"虎头蛇尾"、"豹头环眼"，到家庭饲养的猪马牛羊，如"对牛弹琴"、"马到成功"、"亡羊补牢"、"猪朋狗友"；从天上飞的莺燕，如"莺歌燕舞"，到陆上走的鸡犬，如"鸡犬不宁"；从水中生活的鱼蛙，如"如鱼得水"、"井底之蛙"，到泥土中的蚯蚓，如"春蚓秋蛇"；从巨龙、鸿鹄等庞然大物，如"龙飞凤舞"、"鸿鹄之志"，到蚂蚁、萤火虫等微小之物，如"蝼蚁贪生"、"囊萤映雪"，各种动物在成语中应有尽有。

在《汉语成语大词典》中，共收录了含有动物形象的成语700多条。在这些成语中，共使用了近50种动物，其中使用频率最高的，当属与人们生活最为密切的家养动物，如马、牛、羊、鸡、犬、猪等。再一类使用频率最高的，是那些最为凶猛的野兽，如虎、狼以及作为吉祥象征的龙、凤等。

第一，来自口语，即俗语与谚语，为一般群众所创造。如"挂羊头卖狗肉"、"驴唇不对马嘴"、"狼吞虎咽"、"狼心狗肺"等。这类成语相当多，被广泛应用在日常生活中和文艺作品中。

第二，来自历史典故或寓言故事。这类成语所占比重相当大，如"黔驴技穷"出自柳宗元的《黔之驴》；"守株待兔"出自《韩非子·五蠹》；"缘木求鱼"出自《孟子·梁惠王上》；"塞翁失马，安知非福"出自《淮南子》；"鹬蚌相争，渔人得利"、"狐假虎威"、"狡兔三窟"，都出自《战国策》。

第三，出自一些文人墨客的手笔。他们根据动物的特点、习性创造出一些书面成语，如"猿鹤虫沙"、"燕颔虎颈"、"狂蜂浪蝶"等。这类成语比较生僻，使用和流传范围相对来说比较窄。

第三节　精彩纷呈——部分动物成语一览

鼠目寸光	鼠肚鸡肠	鼠窃狗偷	投鼠忌器	抱头鼠窜
獐头鼠目	胆小如鼠	牛鬼蛇神	牛刀小试	牛溲马勃
汗牛充栋	对牛弹琴	九牛一毛	气壮如牛	虎视眈眈
虎口余生	虎头虎脑	虎背熊腰	虎头蛇尾	虎落平川
虎啸风生	放虎归山	谈虎色变	如虎添翼	骑虎难下
为虎作伥	与虎谋皮	藏龙卧虎	狐假虎威	羊入虎口
狼吞虎咽	龙骧虎步	龙吟虎啸	龙争虎斗	龙盘虎踞
龙腾虎跃	生龙活虎	降龙伏虎	兔死狐悲	兔死狗烹
狡兔三窟	乌飞兔走	守株待兔	龙眉凤目	龙飞凤舞
龙马精神	龙潭虎穴	画龙点睛	来龙去脉	攀龙附凤
群龙无首	老态龙钟	笔走龙蛇	叶公好龙	望子成龙
车水马龙	蛇蝎心肠	画蛇添足	龙蛇混杂	杯弓蛇影
打草惊蛇	虚与委蛇	笔走龙蛇	春蚓秋蛇	马到成功
马不停蹄	马革裹尸	一马当先	老马识途	汗马功劳
万马奔腾	犬马之劳	万马齐喑	一马平川	天马行空
快马加鞭	走马观花	信马由缰	蛛丝马迹	兵荒马乱
人仰马翻	人困马乏	鞍前马后	人强马壮	猴年马月
青梅竹马	单枪匹马	招兵买马	心猿意马	悬崖勒马
千军万马	指鹿为马	害群之马	厉兵秣马	塞翁失马
盲人瞎马	脱缰之马	金戈铁马	羊质虎皮	羊肠小道
羊入虎口	亡羊补牢	虎入羊群	歧路亡羊	顺手牵羊
沐猴而冠	尖嘴猴腮	杀鸡吓猴	鸡毛蒜皮	鸡鸣狗盗
鸡飞蛋打	鸡犬不宁	鸡犬不留	鸡犬升天	闻鸡起舞
杀鸡取卵	偷鸡摸狗	鹤立鸡群	小肚鸡肠	呆若木鸡
狗急跳墙	狗尾续貂	狗仗人势	狗血喷头	猪狗不如
鸡犬不惊	鸡零狗碎	狼心狗肺	狐朋狗友	狐群狗党
画虎成狗	丧家之狗	封豕长蛇	鸟尽弓藏	笨鸟先飞
如鸟兽散	小鸟依人	惊弓之鸟	飞禽走兽	珍禽奇兽
衣冠禽兽	凤毛麟角	鸦雀无声	燕雀处屋	鹤发童颜

风声鹤唳	莺歌燕舞	草长莺飞	鹊巢鸠居	鹦鹉学舌
蜻蜓点水	困兽犹斗	如鸟兽散	人面兽心	洪水猛兽
狼烟四起	狼子野心	狼狈不堪	狼狈为奸	豺狼成性
豺狼当道	引狼入室	声名狼藉	杯盘狼藉	狐裘羔袖
鹿死谁手	中原逐鹿	象牙之塔	盲人摸象	猫鼠同眠
黔驴技穷	一丘之貉	管中窥豹	雕虫小技	鸡争鹅斗
蚕食鲸吞	金蝉脱壳	噤若寒蝉	螳臂当车	蜂拥而起
蝇头小利	飞蛾扑火	如蚊附膻	鱼龙混杂	鱼目混珠
鱼游釜中	鱼贯而入	鱼贯而行	鱼米之乡	如鱼得水
沉鱼落雁	缘木求鱼	釜底游鱼	浑水摸鱼	临渊羡鱼
漏网之鱼	水清无鱼	瓮中捉鳖	虾兵蟹将	独占鳌头
井底之蛙	别鹤离鸾	鸿毛泰山	鸿鹄之志	哀鸿遍野
轻于鸿毛	雪泥鸿爪	门可罗雀	趋之若鹜	杳如黄鹤
乌合之众	乌鸟私情	爱屋及乌	欢呼雀跃	信笔涂鸦
鸠形鹄面	饮鸩止渴	鸠占鹊巢	见兔顾犬	见兔放鹰
鹑衣百结	兔起鹘落	一箭双雕	千里鹅毛	

第五章 独占鳌头——动物之最

1. 最小最轻的鱼——胖婴鱼

世界上最小最轻的鱼为胖婴鱼。

成年胖婴鱼体长近 8 毫米,体重 1 毫克,需要 100 万条胖婴鱼才能凑够 1 千克,是已知最小的脊椎动物。胖婴鱼外形细长,看起来像条小虫子,无鳍、无齿、无鳞。身体除眼睛外无色素沉着,全身透明。雌鱼在 2 ~ 4 周大的时候产卵。寿命在 2 个月左右。

2. 身怀绝技——奔跑英雄

有些高等动物具有快速奔跑的本能,因为追捕猎物或逃避敌害,必须要学会奔跑。究竟谁是奔跑英雄?

非洲的猎豹奔跑速度是很惊人的,每小时能奔跑 110 千米。比猎豹略差一点的是高鼻羚羊,每小时能跑 100 千米,但奔跑的耐力比猎豹强一些。

猎豹和高鼻羚羊是在无障碍的情况下奔跑的。而澳大利亚的袋鼠有一种特殊的本领,能在障碍中奔跑。它的前肢短小,后肢发达,以强有力的后肢跳跃前进。每次跳跃高达 2 ~ 3 米,远至 6 ~ 8 米。在崎岖不平的道路上,它可算是奔跑英雄了。

猎豹、高鼻羚羊和袋鼠,它们虽是快速奔跑和越障奔跑的英雄,但在茫茫的沙漠地带奔跑,真正的英雄还是鸵鸟。在沙漠中行走,确实非常困难,就连长期生活在沙漠地带的"沙漠之舟"——骆驼,每小时也只能行走 30 千米。而现代最大的鸟——鸵鸟,在沙漠中奔跑,每小时竟达 60 千米。

鸵鸟头小、颈长、腿高、体大,只会走,不会飞。它的两翅退化,两腿强健有力,步子很大。非洲鸵鸟,雄鸟的身高 2 ~ 3 米,体重 70 多千克,跨一步有 2 ~ 3 米长,最大的步子可达 8 米。奔跑时,头向前伸,两翅张开,保持平衡,迅疾如风。

鸵鸟为什么有如此快速奔跑的本领呢？这是因为鸵鸟生活在沙漠中，那里草木稀疏，水源缺乏，寻食困难，必须长途跋涉。同时，遇到敌害，沙漠中很难隐蔽，只有快速奔跑，才能保全自己。

鸵鸟腿长而粗壮，只有两个粗大向前的脚趾，外趾小，爪退化，内趾带坚爪，特别发达，趾底还有很厚的角质化的皮肤，在沙漠中奔走，不易下陷，这些都为它在沙漠中快速奔跑创造了条件。

3. 鲸须颜色不对称的巨鲸——长须鲸

长须鲸一般体长为 20 米左右，最大的体长可达 26 米，体重达 95 吨，仅次于蓝鲸。它的身体呈纺锤形，较为细长。从背面看，头的前部呈楔形，两侧边不平行，在身体后背部形成较高的背脊。背鳍小，位于肛门正上方的背部。鳍肢也比较小，仅为体长的 1/11。尾鳍宽小于体长的 1/4。褶沟有 50～60 条，向后到达脐部。眼睛较小，位于口角的后上方。喷气孔有 2 个，位于眼睛前面一点的背中线上。上、下颌的周围以及喷气孔的周围有 50～100 根灰褐色的感觉毛。口大，每侧的须板为 260～470 枚。雌兽有一对乳房，位于生殖裂两侧的乳沟内。背部为黑褐色，向腹面逐渐无规则地过渡为纯白色。从鳍肢的附近至槽沟之间有两条深色的带，背部有一个"V"字形的淡色区域，起自喷气孔的后方，穿过两个鳍肢的基部之间向后扩展。尾部的中央至肛门之间也有一条黑色带，从外耳孔向后上方，每侧都有一条淡色甚至白色的条纹。上颌左右的颜色对称，但下颌左右两侧的颜色却不对称，左侧为黑色，右侧为白色，而且鲸须的颜色也不对称，右侧的前 1/3～1/2 是淡黄色，其余为灰黑色，这是长须鲸的最主要的外部特征，与其他须鲸类截然不同。

长须鲸分布于南至南极、北至北冰洋的世界各海洋中，在我国见于南海、东海和黄海。长须鲸一般不在靠近沿岸的地带活动，夏季洄游到冷水海域索饵，冬季又游回到较为温暖的海域去繁殖。有趣的是，南半球和北半球的种群并不相遇，尽管刚出生时的幼仔的体长都差不多，身体各部分的比例也一致，但北半球的个体达到性成熟时候，体长却比南半球的同龄个体约小 150 厘米，据说这种差异可能主要是由于它们所吃的食物的不同而引起的。长须鲸大多单只或两三只在一起活动，但也能见到 10～20 只，甚至 100 只以上的大群，最多时为 200 只左右。在进食的时候，它游泳的速度较为缓慢，但在洄游时，游速会增加。它每经 2～3 分钟的浅潜水后就浮出水面换气，每次呼吸需时大约为 5 秒钟。

经数次浅潜水后,再拱起背部进行最后一次呼吸,随后就静静地转为时间较长的深潜水。其下潜的深度可能不超过 200 米,时间一般为 15 分钟左右。此时,可以看见它露出水面的头部、肩部、背鳍和高举在水面上的尾鳍,有时为了换气,头部常抬出水面很高,甚至连褶沟部分都露出来。它在呼吸的时候喷出的雾柱比较细长,好像一个倒置的圆锥形,高度为 6～10 米,接近蓝鲸喷出的雾柱,如果是晴朗的天气,数海里之外都能见到。它嗜吃磷虾类、糠虾类、桡足类等小型甲壳动物,也吃鲱鱼、秋刀鱼、带鱼等群游性鱼类和乌贼等,捕食方式和食物种类与蓝鲸基本相同,但食量稍少。

在繁殖季节,雄兽和雌兽的恋情颇深,交配时它们或一上一下,或一左一右,时而侧翻体躯,时而倾斜竖立,十分欢娱。雌兽的怀孕期为 11～12 个月。幼仔出生时的体长为 640 厘米左右。8～10 年后达到性成熟,寿命为 90～100年。

由于长须鲸的经济价值很高,所以遭到过度猎捕。1976 年世界已全面禁捕,宣布长须鲸为重点保护对象。

4. 史上最大的两种鸟——隆鸟和恐鸟

隆鸟又叫象鸟,主要生活在世界第四大岛——非洲马达加斯加岛的森林中。"隆鸟"的意思即是"高高凸起的鸟","象鸟"当然就是形容其躯体庞大如象了。隆鸟比新西兰的恐鸟(1800 年灭绝)还要高 2 米,比现在世界第一大鸟——鸵鸟就更高了,在 300 多年以前,可称得上世界第一大鸟,就连它的蛋也比后两种鸟的要大许多。隆鸟的身躯健硕,脖子很长,脑袋很小。隆鸟长有圆钝的喙,两只大大的脚趾及粗壮的大腿。隆鸟的前肢已经退化,只留下很小的翅膀,羽毛同鸸鹋非常相似,是一种善于奔跳而不会飞的巨鸟。隆鸟是早期鸟类向大型化发展的一支代表,它同岛上的其他动物一起和谐地生存了很长一个时期。人们认为隆鸟的肉多且鲜美,羽毛修长,可作装饰品。过去,马达加斯加岛的居民常常猎杀隆鸟,取食它的肉,而羽毛则作为身上的装饰品。他们还用隆鸟的腿骨做成项链,佩挂在胸前。那里至今仍流传着许多关于隆鸟的神话传说。

隆鸟数量本来一直不多。到了 17 世纪,马达加斯加岛的居民数量已增至以前的十几倍,他们很快就出现缺衣少食的现象,这促使他们加快了开发自然、掠夺自然资源的进度。大片的森林被砍伐,使隆鸟无家可归,许多隆鸟因此死掉了,剩下的隆鸟有的不得不去偷食农作物,这对于还不能完全满足自己需要的当地居民来说,是不能容忍的。一时间隆鸟就被当成了仇敌,也成了当地人主要的肉食来源。他们不但猎杀成年的隆鸟,就连幼鸟也不放过。随着马达加斯加森林的大量减少,成年的隆鸟也所剩无几,幼鸟及隆鸟蛋也是同样的命运。

1649年是当地居民能够捕杀到隆鸟的最后一年。之后,人们再也没有见过隆鸟。但据说200年后,在1849年,曾有人在马达加斯加南部的森林里发现了一枚隆鸟蛋,可惜的是没有发现成鸟。自此以后,人类再也没有发现过任何隆鸟的足迹,它的"世界第一大鸟"的称号也在人类的干涉之下让给了鸵鸟。

"恐鸟"一词的来源和"恐龙"一样,形容其大得吓人。恐鸟曾是新西兰众多鸟类中最大的一种,平均身高有3米,比现在的鸵鸟还要高,最大的恐鸟身高约3.6米,体重约250千克。恐鸟除了腹部是黄色羽毛之外,其他全部是黄黑色相间。虽然恐鸟的上肢和鸵鸟一样已经退化,但它的身躯肥大,下肢粗短,因此奔跑能力远不及鸵鸟。恐鸟与鸵鸟的最大区别是:它的脖子有羽毛覆盖,而鸵鸟的脖子是秃裸的,并且比恐鸟的脖子要长。它是3根脚趾,而鸵鸟是2根脚趾。

从新西兰发现的恐鸟"家墓"中,古生物学家获得数以百计的恐鸟骨骼。古生物学家们通过分析它们的躯体构造,认为恐鸟主要吃植物的叶、种子和果实。它们的砂囊里可能有重达3千克的石粒帮助磨碎食物。恐鸟栖息于丛林中,每次繁殖只产1枚卵,卵可长达250毫米,宽达180毫米,像特大号的鸵鸟蛋。但它们不造巢,只是把卵产在地面的凹处。有趣的是,恐鸟的羽毛类型、骨骼结构等幼年时的特点直到成鸟还依然存在,古生物学家认为这是一类"持久性幼雏"的鸟。

5.最小的动物——一种代号为H39的原生动物

草履虫、绿眼虫、巴倍虫、鞭毛虫、孢子虫、变形虫、袋形虫、线形虫、纤毛虫等原生动物都属于单细胞动物。它们的体形都很微小,只能用微米来计算,只有在显微镜下才能看得到。

原生动物也有体形较大的种类。例如生活在死水中的喇叭虫和体形像蛇的旋口虫,有1~2毫米长,连肉眼也能够看得见。有一种生活在朽木里的原生动物,身体极细,长度竟有1米。

草履虫也算是体形较大的,长约300微米,绿眼虫长约30微米,而巴倍虫就更小,长约 3 微米。

一根头发丝直径有多少? 大约是 70 微米。而巴倍虫约有头发丝的 1/20 细。

纤细的缝衣针的小孔洞,只有几百微米细,肉眼看来已经很细小了。可是,让孢子虫、巴倍虫等来穿孔的话,它们会嫌洞孔太大哩!

孢子虫寄生在绵羊等的食管壁内,也侵害舌肌、肋间肌、心肌等,逐渐增大,最后成为囊状体。囊状体有内外两层被膜,内部分裂成许多小球,最后形成肾形或半月形的孢子,会产生肉孢子虫毒素。这种毒素对家兔有致死作用。

巴倍虫由壁虱传播,寄生在兽类的血细胞内,引起严重兽疫。牛巴倍虫会引起牛尿血病,犬巴倍虫会引起血尿热病。

巴倍虫还不是最小的,比它更小的动物是蚕微粒子,只有 0.5 微米长,相当于一根头发直径的 1/140。蚕宝宝的一个细胞里,可以寄生几百个蚕微粒子,引起蚕病。

蚕微粒子由蚕卵和蚕粪传播,进入蚕的消化道内,孢子发育为微小的变形虫体,变形虫体侵入消化道壁的细胞间,分裂增殖,由血液散布全身,最后形成孢子。孢子卵圆形,内有一个具有长极丝的"极囊"。

还有比蚕微粒子更小的动物,那是原生动物中的一种同肋膜肺炎菌相似的单细胞动物。它只有 0.1 微米长,其中有一种代号为 H39 的,最大直径长 0.3 微米,比巴倍虫要小得多。

6.海洋中最会生产的鱼——翻车鱼

翻车鱼具有强大的生殖力,一条雌鱼一次可产卵 2500 万～3000 万粒,在海洋中堪称是最会生产的鱼类。

翻车鱼产出这么多的卵,如果都孵化成鱼,岂不是充塞海洋,泛滥成灾了吗? 这确实是一个很有趣的问题。原来,一种动物下蛋或产卵的多少并不是凭它们自己的"意愿"决定,而是在生物进化的历史长河中,只有那些能够在复杂多变的自然环境中保持后代有一定成活率的种类,才能不被自然淘汰。像翻车鱼、鳗鱼、胖头鱼、黄花鱼;两栖类中的青蛙、癞蛤蟆;爬行类中的海龟,它们下了蛋或产卵后就任其自然地孵化成长。如此众多的蛋、卵或幼小动物没有保护地散布在大自然中,经过一场暴风骤雨、一阵汹涌的波涛或者是酷暑严寒的袭击之后,它们中的一部分便成为大自然的牺牲品,有的成了那些肉食性鱼、蛙、蜥蝎、鸟、兽的美味佳肴,最后能够成长到繁殖年龄的就寥寥无几了。所以,虽然翻车鱼产卵多,可是活下来的子孙仅仅百万分之几,这就不难理解它为什么永远也不会充塞海洋了。上述这些动物是以产大量的卵来保证一定数量的后代存活下来,而那些在进化过程中,具有完善繁殖机能和护卵习性的种类,相对的产卵就少。如小海鲇将卵含在口中孵化,它就只产50粒卵;鼠鲨卵成熟了却留在母体内孵化成小鱼后再产出。两栖类中的负子蟾每年只产50～100粒卵,放在背上由皮肤形成的小坑中孵化。大娃娃鱼会将产下的300粒装在胶质带中的卵缠绕在身上,而到爬行类、鸟类由于繁殖机能日趋完善,它们产下的卵包在坚硬或柔韧的卵壳内,小胚胎沉浸在羊膜内的羊水中发育成长,具有很好的保护结构。所以,像蛇、蜥蜴和各种鸟类,下蛋一般只有几个到几十个。到哺乳动物的繁殖机能就达到了十分完善的地步,它们的卵(蛋)再不受外界环境的直接影响,卵在母体的子宫内发育,通过胎盘从母体得到营养、氧气和保持最适宜的温度。胎儿出生后,母亲又供应营养丰富的乳汁和给予无微不至的保护、爱抚。和前面所提的几类动物相比,哺乳动物一般产仔是1年1胎(1～4只或6只),甚至数年才1胎1仔,如大象是数年产1仔。总体来看,可以说产卵(或产仔)越多的动物,它们在动物进化的系统中,是处于后代成活率低、抵抗自然界能力低的种类。相反,产卵(或产仔)少的动物则是属于在进化系统中,具备完善繁殖、抚育后代的能力,并且后代成活率高的种类。至于家禽和家畜中的鸡、鸭、猪等与它们野生的亲属相比较要高得多,那是由于人工选育的结果,则另当别论。

7. 最大的壁虎——大壁虎

大壁虎是最大的一种壁虎,体长12～16厘米,尾长10～14厘米,体重50～100克。它的外貌与一般壁虎相似。背腹面略扁,头较大,呈扁平的三角形,像蛤蟆的头。眼大而突出,位于头部的两侧。口也大,上下颌有很多细小的牙齿。颈部短而粗。皮肤粗糙,全身密生粒状细鳞,背部有明显的颗粒状疣粒分布在鳞片之间。体色变异较大,基色就有黑色、黑褐色、灰褐色、深灰色、灰蓝色、锈灰色、青黑色、青蓝色等,头部、背部有黑色、褐色、深灰色、蓝褐色、青灰色等颜色的横条纹,身体上散布有6～7行横行排列的白色、灰白色或灰色的斑点,还有砖红色、紫灰色或棕灰色,密布橘黄色及蓝灰色小圆斑点,以及不规则的宽横斑。背部疣粒状的小鳞片之间还杂有均匀散布的粗大疣鳞。尾巴较圆而长,但长度不及体长,有6~7条白色环纹,基部较粗,容易折断,能再生,但再生的尾没有白色环。四肢不很发达,仅能爬行。趾膨大,底部有单行褶皱皮瓣,能吸附墙壁。雄性后肢的股部腹面有一列鳞,具有圆形的股孔,叫做股窝,数目为14~22个,雌性没有或者不明显。

大壁虎在我国主要分布于广西、广东、云南、贵州、江西、福建等地,在国外见于印度、缅甸和菲律宾等地。栖息在山岩或荒野的岩石缝隙、石洞或树洞内,有时也在人们住宅的屋檐、墙壁附近活动。听力较强,但白天视力较差,怕强光刺激,瞳孔经常闭合成一条垂直的狭缝。夜间出来活动和觅食,瞳孔可以扩大4倍,视力增强。灵巧的舌还能伸出口外,偶尔舔掉眼睛表面上的灰尘。动作敏捷,爬行的时候头部离开地面,身体后部随着四肢左右交互地扭动前进,脚底的吸附能力很强,能在墙壁上爬行自如。原来认为它的脚下有吸盘,其实其趾端膨大的足垫并不是吸盘,而是在足垫和脚趾下的鳞上密布着一排一排的成束的像绒毛一样的微绒毛,如同一只只弯形的小钩,所以能够轻而易举地抓牢物体,在墙壁甚至玻璃上爬行。微绒毛顶端的腺体的分泌物也能增强它的吸附力。主要捕食蝗虫、蟑螂、土鳖、蜻蜓、蛾、蟋蟀等昆虫及幼虫,偶尔也吃其他蜥蜴和小鸟等,咬住东西往往不松。它的尾巴易断,但能再生,这是由于尾椎骨中有一个光滑的关节面,把前后半个尾椎骨连接起来,这个地方的肌肉、皮肤、鳞片都比较薄而松,所以在尾巴受到攻击时就可以剧烈地摆动身体,通过尾部肌肉强有力的收缩,造成尾椎骨在关节面处发生断裂,以此来逃避敌害。由于尾巴是以糖原的形式而不是单纯以脂肪的形式贮存能量,而糖原化脂肪更容易释放能量,所以刚断下来的尾巴的神经和肌肉尚未死去,会在地上颤动,可以起到转移天敌视线的作用。断尾以后,自残面的伤口很快就会愈合,形成一个尾芽基,经过一段细胞分裂增长时期,然后转入形成鳞片的分化阶段,最后长出一条崭新的再生尾。但与原来的尾巴相比,再生尾显得短而粗。不过,大壁虎只有在迫不得已的时候才会断尾,因为断尾毕竟是它身体上所受的严重损伤,不仅失去了尾巴上贮存的脂肪,而且还失去了它在同类中的地位。尤其是在求偶时,尾巴完整的大壁虎对于失去尾巴的大壁虎有着极大的优势。大壁虎通常在3~11月活动频繁,12月至翌年1月在岩石缝隙的深处冬眠。

大壁虎的繁殖期为5~8月,5月开始交配产卵,但以6~7月产卵最多。每次产2枚卵,白色,外面有革质鞘,比鸽子的卵略小,呈圆形,重5~7克,可以黏附在岩洞的墙壁或岩石面上。孵化期为35~45天,有时需要更长的时间。刚出壳的幼体的体长大约为8厘米。

8. 我国最大的蜥蜴——巨蜥

巨蜥体长一般为60~90厘米,体重一般20~30千克,尾长70~100厘米,是我国蜥蜴类中体形最大的种类,也是世界上较大的蜥蜴类之一。头部窄而长,吻部也较长,鼻孔近吻端,舌较长,前端分叉,可缩入舌鞘内。全身都有布满了较小而突起的圆粒状鳞,成体背面鳞片黑色,部分鳞片杂有淡黄色斑,腹面淡黄或灰白色,散有少数黑点,鳞片为长方形,呈横排。幼体背面黑色,腹面黄白色,两侧有黑白相间的环纹。四肢粗壮,趾上具有锐利的爪。尾侧扁如带状,很像一把长剑,尾背鳞片排成两行矮嵴,不像其他蜥蜴那样容易折断。有肛门前窝一对。

巨蜥在我国主要分布于云南、广东、海南和广西,在国外还见于印度、斯里兰卡、马来西亚等地。它以陆地生活为主,喜欢栖息于山区的溪流附近或沿海的河口、水库等地。昼夜均外出活动,但以清晨和傍晚最为频繁。虽然身躯较大,但行动却很灵活,不仅善于在水中游泳,也能攀附矮树。以鱼、蛙、虾、鼠和其他爬行动物等为食,也到树上捕食鸟类、昆虫及鸟卵,偶尔也吃动物尸体,还时常爬到村庄里偷食家禽。雌性在6~7月的雨季产卵于岸边洞穴或树洞中,每窝产卵15~30枚。孵化期为40~60天。

巨蜥在遇到敌害时有许多不同的表现,如立刻爬到树上,用爪子抓树,发出噪声威吓对方;一边鼓起脖子,使身体变得粗壮,一边发出嘶嘶的声音,吐出长长的舌头,恐吓对方;把吞吃不久的食物喷射出来引诱对方,自己乘机逃走等等。但更多的时候,是与对方进行搏斗。通常将身体向后,面对敌人,摆出一副格斗的架势,用尖锐的牙和爪进行攻击,在相持一段时间后,就慢慢地靠近对方,把身体抬起,出其不意地甩出那长而有力的尾巴,如同钢鞭一样向对方抽打过去,使其惊慌失措而狼狈逃窜,甚至丧生于巨蜥的尾下。如果对方过于强大,它就爬到水中躲避,能在水面上停留很长时间,所以在云南西双版纳,当地的傣族同胞都叫它"水蛤蚧"。

9. 最危险的毒蜘蛛——雪梨漏斗网蜘蛛

所有的蜘蛛都有毒性,只是毒性大小不同。比较著名的毒蜘蛛,例如黑寡妇蜘蛛、隐士蜘蛛、流浪汉蜘蛛,但这些蜘蛛都不比雪梨漏斗网蜘蛛来得致命和危险。这是一种连毒虫专家都感到害怕的蜘蛛。

雪梨漏斗网蜘蛛原产于澳大利亚东岸,这种易怒的生物堪称世界上攻击性最强的蜘蛛,它的一次蛰咬可在不到 1 小时内杀死 1 名成年人。

漏斗网蜘蛛释放毒液的器官是一对强劲有力、足以穿透皮靴的尖牙。成体的体长 6～8 厘米,尖牙长度接近 1.3 厘米,发起袭击时毒牙像匕首似的向下猛刺。

蛰咬后数分钟内即可感受到超强毒性的影响,毒液会迅速蔓延,会产生痉挛性的瘫痪。患者会肌肉痉挛,有时极为剧烈,最后会陷入昏迷状态。毒素会侵袭呼吸中枢,患者最终将窒息而死。

数年来,澳大利亚人对这种剧毒蜘蛛的恐惧始终不减。但在 1981 年,经过 14 年的研究之后终于制造出一种抗毒剂,拯救了数百条人命。

毒液在实验中对灵长目及狗具毒性,对兔子则无毒性。毒液会引起神经细胞膜电位的改变,使自主神经系统分泌大量的乙醯胆碱、肾上腺素、正肾上腺素。雄蜘蛛的毒性约为雌蜘蛛的 4 倍,其原因可能是雄蜘蛛于生殖季节需离巢寻找交配对象,而雌蜘蛛不需要。由于蜘蛛离巢时失去网的保护极易受到攻击,在此压力下演化出较强的毒性。

漏斗网蜘蛛咬伤的症状视蜘蛛是否释入大量毒素而定。在局部会有剧痛、伤处红肿、毛发直立、流汗;而全身性症状包括反胃、呕吐、腹痛、腹泻、出汗、流泪、肌肉紧绷、呼吸困难、肺水肿、心跳加速、心律不齐、发烧等,而肺积水所引起的呼吸困难为主要死因。

10. 世界上最小的鸟——蜂鸟

蜂鸟是世界上最小的鸟,有的甚至比黄蜂还小。蜂鸟窠只有核桃大,蛋小如豌豆。飞行时能停留在空中,把又细又长像管子的嘴插进花蕊中去吸食花蜜,并吃小昆虫。它吸花蜜时,能传播花粉。

自第一个蜂鸟标本公诸于世至今,300 多年过去了,鸟类学家已经先后发现大约 320 种蜂鸟。这些鸟中,体形最大的巨蜂鸟体长也不过 20 厘米,体重不足 20 克。

蜂鸟体形纤小,而且大部生活在茂密的森林中。所以对观察者来说,它们像一颗颗转瞬即逝的流星,只有耐心地等待,并且用高倍望远镜才能看到它们。有些学者说过,蜂鸟的美是无法形容的,它们的美超过人们所能想象到的任何一种鸟。它们从头到脚长着闪烁异彩的羽毛,头部有细如发丝、闪烁着金属光泽的丝状发羽,颈部有七彩鳞羽,腿上有闪光的旗羽,尾部有曲线优美的尾羽。因此,尽管它们行踪不定,仍能吸引无数猎奇者。当然,鸟类学家不仅被蜂鸟美丽的羽饰所吸引,而且还被它们的取食对象和取食方式跟蜂相似所吸引。

自然界中很多蜂类以采食花蜜为生,它们凭借小巧的身体、发达的口器和高超的飞行本领在花丛中穿梭采蜜。蜂鸟在进化中是怎样适应蜂类的生活方式,而成了"鸟中之蜂"呢?

经过几代鸟类学家的研究,蜂鸟演化的秘密渐渐地被揭开了。人们发现,蜂鸟跟现存的雨燕类有很近的亲缘关系,它们有共同的祖先。由于生活环境的差异,它们的祖先产生两种不同的适应:一部分鸟飞行速度大大提高,它们的后代成了现代鸟类中飞行最快的雨燕;另一部分逐渐具备在空中悬停的本领,它们的后代就是当今的蜂鸟。

蜂鸟是怎样在空中飞行和悬停的呢?鸟类学家在野外用高速摄影机拍摄了大量蜂鸟飞行时的影片,这些影片用正常速度放映,蜂鸟的飞行动作就被放慢了。从这些影片中看到,在飞行时,蜂鸟的翅膀是在身体两侧垂直上下飞速扇动的。悬停在空中时,蜂鸟的翅膀每秒扇动 54 次,在垂直上升、下降或前进时每秒扇动 75 次。蜂鸟就是靠翅膀的快速扇动飞行和悬停的。蜂鸟在快速扇动翅膀时,发出很像蜜蜂的"嗡嗡"声。

每到繁殖季节,蜂鸟在林中作 U 字形炫耀飞行。它们不停地盘旋上升又盘旋下降,这时它们的翅膀每秒扇动达 200 次。在这种飞行中,蜂鸟的尾不停地前后左右摆动,这时尾是控制平衡的重要工具。因为当翅膀快速扇动时,蜂鸟的身体会受到气流冲击而偏斜,尾部的摆动能改变扇翅产生的气流,使蜂鸟能平稳地飞行。蜂鸟可以说是技艺高超的飞行家。

蜂鸟的嘴又尖又细,相对很长,很容易插入花中采食。有一种剑嘴蜂鸟,它的头和身体加在一起,还赶不上它的嘴长。如果人嘴的长度在身体中占的比例跟蜂鸟一样,那么我们就可以不移动身体而吃到 2 米以外的食物。蜂鸟的舌头要比嘴还长 4～5 倍。它们的舌呈管状,像我们喝汽水时用的吸管。当它们悬停在花朵前,把嘴插进花朵时,舌头便从嘴中伸出。它们长长的舌头可以一直伸到花基部的蜜腺上,然后像喝汽水一样吸取花蜜。还有些蜂鸟,它们的舌头尖尖的像一根针,这让它们能吸食花蜜,还能从树皮下挑出昆虫吃掉。

雄蜂鸟在繁殖季节中极富攻击性。每到繁殖季节,雄蜂鸟都占据一定的领域,它们在自己的领域内不停地做炫耀飞行。如果其他动物闯入这一领域,雄鸟会对它们发起攻击。有人曾看到,当一只以捕食蝙蝠而闻名的蝙蝠隼侵入蜂鸟的领地时,雄蜂鸟毫不犹豫地对它发起猛烈的攻击。但是,蜂鸟遇到大型入侵动物,一般只在它们身后噪叫,而很少发生"肉搏战"。

对飞临领域的雌蜂鸟,雄蜂鸟会殷勤相待。蜂鸟是"一夫多妻制",雌蜂鸟在跟雄蜂鸟交配后,就飞出雄蜂鸟的领域,单独建巢、产卵、孵化和育雏。雄蜂鸟在领域内继续它的炫耀飞行,等待其他雌蜂鸟光临。很多雌蜂鸟在一个繁殖季节里可以交配两次,建造两个巢。它们第一窝幼雏可能已经出世,而它们又正在孵第二窝卵。因此,这些雌蜂鸟常常穿梭在两个巢之间,一边喂雏,一边孵卵,异常忙碌。

蜂鸟的巢很小巧,一般呈杯状。它们的巢一般建在细软的树枝上,有的甚至建在蜘蛛网上。另外有一些蜂鸟的巢呈篮子状,用一根细丝垂吊在半空中。

蜂鸟的食量大得惊人,它们每天要吃进相当于它们体重2倍的食物。这是因为蜂鸟飞行时高速扇翅要消耗非常大的体力。蜂鸟是世界上拍翅最快的鸟,每秒50~75次。另外它们的新陈代谢率极高,大约相当于人的50倍。动物学里有一个规律,即个体愈小,相对散热面积愈大。由于蜂鸟是世界上个体最小的鸟,因而它就成了鸟类中散热最快、新陈代谢最强的种类。因此,食物对蜂鸟来说是至关重要的。过去,人们一直认为,当食物缺乏时,蜂鸟要迁徙到食物丰富的地方去。20世纪50年代初期,鸟类学家皮尔森在安第斯山脉的一个岩洞里发现,一种蜂鸟在缺乏食物的季节里会休眠。休眠时,它的体温从38℃降到14℃。即使在食物充足的季节里,这种蜂鸟白天活跃在花丛中采食,到了夜晚它们的体温同样会降到14℃。这一绝妙的适应能力,在鸟类中是罕见的。

11.最长寿的鱼——狗鱼

狗鱼体形细长,稍侧扁,尾柄短小。头尖,吻部特别长而扁平,似鸭嘴。口裂极宽大,口角向后延长可达头长的一半。齿发达,上下颌、犁骨、筛骨和舌上均具有大小不一致的锥形锐齿。它的牙齿与众不同,上颚齿可以伸出来并有韧带连着,这种锋利的牙齿可以把捕捉到的动物挂住,有时也把吃不完的食物挂在牙齿上,留着备用。鳞细小,侧线不明显。背鳍位置较后,接近尾鳍,与臀鳍相对,胸鳍和腹鳍较小。背部和体侧灰绿色或绿褐色,散布着许多黑色斑点,腹部灰白色,背鳍、臀鳍、尾鳍也有许多小黑斑点,其余为灰白色。

狗鱼性情凶猛残忍,行动异常迅速、敏捷,每小时能游8千米以上。狗鱼不但异常凶猛,而且诡计多端,这与它的侧线构造有关。狗鱼的侧线实际上为一列具有纵沟纹的鳞片。它不仅可以起着普通侧线的震动感受点的作用,还能起到化学感受点的作用。同时,狗鱼还有着极为灵敏的视觉,这样就使得狗鱼能非常迅速地感受到猎物的来临。平时多生活于较寒冷地带的缓流的河汊和湖泊、水库中,喜游弋于宽阔的水面,也经常出没于水草丛生的沿岸地带,以其矫健的行动袭击其他鱼类。幼鱼性情温顺常成群生活,成鱼则单独栖息。有着明显的洄游规律,春季解冻后游向上游河口沿岸区域或进入小河口产卵,冬季进入大河深水处越冬。狗鱼以鱼类为食,食量大,冬季仍继续强烈索食,尤以生殖后食欲更旺。通常在清晨或傍晚猎取食物,其他时间则不再游动,而是静卜来休息,并慢慢地消化所吞食的食物。狗鱼捕食时异常狡猾。每当狗鱼看到小动物游过来时,会耍花招用肥厚的尾鳍使劲将水搅浑,把自己隐藏起来,一动不动地窥视着游过来的小动物,达到一定距离就突然一口将其咬住,接着三下五除二将小动物吃掉一大半,剩余的部分挂在牙齿上,留待下次再吃。繁殖季节停止摄食。一般 3～4 月达到性成熟,生殖期为 4～6 月初,水温为 3～6℃。在水深为 0.5～1 米并有水草场所产卵,产卵高峰为 1 周。在生殖季节,当静静的水面涌起波浪,这象征着雌狗鱼的到来。雌狗鱼比雄狗鱼凶残得多,如果不是在生殖阶段,雄狗鱼是不敢靠近雌狗鱼的。此时雌狗鱼游得很快,而且没有规律,猛游后进入杂草丛生的地方,一动不动,等待着雄狗鱼的到来。接着雄狗鱼小心翼翼地游向雌狗鱼。此时雌狗鱼将看不顺眼的雄狗鱼赶走,留下来的雄狗鱼将雌狗鱼包围起来,雌狗鱼极度兴奋地在前面游动,雄狗鱼在后面追逐。这时雄狗鱼会不断地在一起盘桓、搏斗、厮杀,然后又去追赶游远了的雌狗鱼。雌狗鱼开始疲乏时,就停留在草丛中,开始不停地翻转,并不断地增加翻转的速度。此时雄狗鱼靠近雌狗鱼,随其翻滚,有时还会跳起来,并用身体顶撞雌狗鱼。大约过了 15 分钟,雄狗鱼开始排精,紧接着雌狗鱼排卵。当雌狗鱼产卵快完时,一尾尾雄狗鱼慌忙逃离,以免被雌狗鱼咬伤。尽管雌狗鱼已相当疲乏,但仍然显示出它们的贪婪和凶残,并开始吃起自己产下的卵和逃避不及的雄狗鱼。狗鱼生长快,寿命长。

狗鱼分布于黑龙江流域。此外,新疆额尔齐斯河流域生活着另一种白斑狗鱼,其区别在于体侧斑点是淡蓝白色斑。

12. 最致命的杀手——蚊子

蚊子在夏天几乎随处可见。虽然很多蚊子的叮咬只让人感觉到发痒,但是有些蚊子却携带和传播着能够引起疟疾的寄生虫——疟原虫。

其结果就是,小小蚊子竟然造成每年超过 200 万人死亡。

13. 最小的猴——狨猴

在南美亚马孙河流域的森林中,生活着一种世界上最小的猴子——狨猴,又称指猴。这种猴长大后身高仅 10 ~ 12 厘米,重 80 ~ 100 克。新生猴只有蚕豆般大小,重 13 克。

14. 陆地上最高的动物——长颈鹿

长颈鹿是陆地上最高的动物,它们的祖先世世代代生活在干旱少雨的环境里,地上植物稀少。为了生存,它们就努力伸长脖子,吃树上的嫩叶、幼芽。经过许多年代,长颈鹿的脖子就慢慢变长了。别看长颈鹿有那么高的个子,跑得也很快,连狮子也追不上。

15. 嘴最大的鸟——巨嘴鸟

鸟类中嘴最大的鸟是巨嘴鸟。它的体长约 60 厘米,嘴长 17 ~ 24 厘米,宽 5 ~ 9 厘米,看起来和身体很不相称。但它的嘴很轻,重量不足 30 克,因此不至于被嘴巴压得抬不起头来。

16. 最小的海蟹——豆蟹

生活在日本相模湾的豆蟹,长 3.8 ~ 4.2 毫米,只有一个米粒那么大。

17. 水中屏气最长的动物——海龟

用肺呼吸的海洋动物中,在水下屏气时间最长的是海龟。它吸入一口气,可在水下潜游几个昼夜。

18. 最大的食肉动物——棕熊

棕熊在我国古代叫做罴,体长一般为 150 ~ 200 厘米,尾长 13 ~ 16 厘米,体重 150 ~ 250 千克,较大的能达到 400 ~ 600 千克。其中最高纪录为生活于美国阿拉斯加科迪亚克岛上的棕熊,体长约为400厘米,体重达757千克,不仅是熊类中的庞然大物,也是世界上最大的食肉动物。

棕熊分布于包括我国东北、西北和西南地区在内的欧亚大陆,以及北美洲大陆的大部分地区。主要栖息在山区的针叶林或针阔混交林等森林地带,并且随着季节的变化,有垂直迁移的现象,夏季在高山森林中活动,春、秋季多在较低的树林中生活。主要在白天活动。性情孤独,除了繁殖期和抚幼期外,都是单独活动。在森林中每个个体都有自己的领域,常常在树干上留下用嘴咬的痕迹,站起身来用爪子在树干上抓挠而留下的痕迹和在树上用身体擦蹭而留下的痕迹等作为各自领域边界的标志,以免互相侵犯。

棕熊善于游泳和在湍急的河水中捕鱼,也能爬树和直立行走,但动作不够灵活,平时慢条斯理,走路的时候总是同一侧的前后两腿一起并进,但奔跑时的速度也相当快,有时可以轻而易举地追赶上猎物。它并非是一种真正的食肉兽,不但食性很杂,而且以野菜、嫩草、水果、坚果等植物性食物为主,有时也偷食农作物。动物性食物有各种昆虫,鲑鱼等鱼类,小型鸟类,野兔、土拨鼠等小型兽类,也吃腐肉,有的还对驼鹿、驯鹿、野牛、野猪等大型动物发动攻击。它的体形较大,力量也很大,在山林中很少有动物能抵得过它,但是与老虎相比,只有嗅觉较为灵敏,视觉和听觉都很迟钝,动作较为笨拙,爪牙也不够锐利,所以如果发生争斗,则会被老虎吃掉。

棕熊有冬眠的习性,从10月底或11月初开始,一直到翌年3~4月。为了积累用于冬眠期间所需的大约50千克脂肪,秋天必须吃掉400~600千克的浆果和其他食物。冬天临近时便开始准备洞穴,选择那些遍地是倒木枯枝,寒风较弱的向阳地带,多选择大树洞或岩石缝隙处居住,有时也在沼泽地上的干土墩上挖掘地穴。在洞穴中以枯草、树叶或苔藓作铺垫物。一般每个个体独居一个洞穴,只有雌兽与3岁以下的幼仔才同住在一起。进洞前先围着洞口转一阵,然后跳钻进去,或者后退着进洞,或者把自己的足迹弄乱,以免被天敌发现洞穴,更好地隐蔽自己。在冬眠期间主要靠体内贮存的脂肪维持生命,如果有危险,随时都会醒来。在较温暖的日子里,有时会到洞外活动一段时间。

棕熊每年5~7月发情交配。雌兽的怀孕期为7~8个月,初春时生育,每胎产2~4仔。初生的幼仔体重约有500克,全身无毛,眼睛紧闭,30~40天后才能睁开,半岁以后开始以植物和小动物为食。幼仔的颈部有一道白色的圆环围绕,但随着年龄的增长逐渐消失。幼仔特别喜欢直立行走,就像小孩学习走路一样,活泼可爱,互相之间常常游戏、打闹。雄兽并不承担养育后代的任务,有时甚至攻击幼仔，如果被雌兽发现了，就会冲上去与雄兽拼命，保护幼仔。幼仔 4 ~ 5 岁时性成熟。寿命约为 30 年，最长的达 47 年。

19. 最浪漫的动物求偶——鸟儿之恋

动物生长发育到性成熟阶段就要进行繁殖活动，以此来维持它们的种族绵延。通常求偶是有性繁殖的第一步，只有得到配偶才能繁殖。动物的求偶行为形式多样，非常复杂，而向异性炫耀自己的美丽是很多动物求偶的常见形式，特别是鸟类。鸟类的求偶炫耀行为包括伴随着性活动和作为性活动前奏的所有行为表现，有时可以持续几个小时，甚至几天。这种行为非常引人注目，因为它常常涉及一些奇特的动作。雄鸟为了获得配偶，必须在雌鸟面前尽力展现自己色彩华丽的婚装、表演各种复杂的动作或者发出复杂的声音等，而雌鸟则静观雄鸟极为卖力的表演，但迟迟不作出选择。事情的这两个方面便构成了鸟类求偶行为的全过程。具有主动择偶能力的雌鸟总是选择适合度最大的雄鸟作配偶，而适合度大小的唯一外在表现就是雄鸟的求偶行为。如果求偶行为太简单和太短暂，那么就难以显示出各雄鸟之间的质量差异，因为对于一种简单的求偶行为，低质量的个体也能表演得同高质量的个体一样好。因此，一种强大的自然选择压力会促使雌鸟在雄鸟表演面前迟迟不作出反应，以便尽可能多地诱使雄鸟发展更多、更复杂的求偶行为。

鸣啭、鸣叫和发声是大多数鸣禽雄鸟的求偶特技，它们在繁殖季节都能唱出某种曲调多变、婉转动听的歌声。在配对以前，雄鸟的歌声有吸引异性以及宣告对某一领域的占有的功能。在配对以后，则起到领域防御和维持配偶关系的功能。除了鸣禽利用鸣啭求偶以外，杜鹃、斑鸠和一些鹬类也以洪亮而有特点的歌声对雌鸟进行招引。一些不善于鸣唱的鸟类，常是通过一系列单调的叫声来求偶。猫头鹰等可以通过身体某一部位的特殊结构发出声音。啄木鸟则往往用嘴敲击枯木，发出一连串的声响来吸引异性。吐绶鸡求偶时可使其羽干发出声响。草原榛鸡和松鸡常借胸部气囊的充气和放气而发出声音。鹳类以上、下喙互相拍击而发出求偶的声响。

在鸣禽中，色艺双绝的可以首推红嘴相思鸟。它的体态清秀优美，矫健玲珑，活泼好动，爱飞爱唱，甚是惹人喜爱。红嘴相思鸟在我国分布在长江流域以南的山地森林、竹林等环境中，常常集成几只至几十只的群体，一起活动。它的嘴鲜红，脸颊淡黄色，上体黄绿色，颏、喉至胸部为鲜黄或橙红色，翅膀上点缀显耀的红黄色斑,尾羽黑色,眼圈白色,全身五颜六色,显得鲜艳而妩媚。

每到繁殖季节,红嘴相思鸟便开始成双成对地活动。雄鸟喜欢站在枝头的最高处,不断地发出鸣啭,以博取雌鸟的欢心。雌鸟为挑选"意中人",也在不停地歌唱。通过对歌,相互了解,选中伴侣。关系一旦确定,雄鸟和雌鸟就形影不离了。它们常常相互偎依枝头,卿卿我我,互理羽毛。有时,比翼蓝天,互相追逐,游戏高空。夜间则双栖双宿,情意缠绵,永不离异。因此,人们都称其为"爱鸟",把它们看做是吉祥如意、坚贞纯洁的象征,甚至常常在亲朋好友结婚时,送上一对美丽的红嘴相思鸟作为礼物,祝愿一对新人相亲相爱,白头偕老。

显示鲜艳的体色也是很多雄鸟的求偶方式。蓝脚鲣鸟的雄鸟在雌鸟面前常常竖起尾羽,并高高地抬起一只脚,展示和炫耀其脚面鲜艳的蓝颜色。还有许多鸟类的口腔中具有不同的鲜艳颜色,它们在求偶时常常张开嘴,以便使对方能够看到里边的颜色。另外一些色彩华丽的雄鸟则通过炫耀其漂亮的羽毛或冠、角、裙、囊等特殊的装饰物来进行求偶活动。

在浩瀚无垠的热带海洋上空,有时可以看到一种巨大的黑色海鸟在飞行中抢夺其他鸟类口中的食物,它就是"空中强盗"军舰鸟。已经达到性成熟的雄性军舰鸟,喉部的喉囊灌入空气后膨胀成一个很大的半透明的半球状袋物,色彩鲜红,十分艳丽,这是它们为了向雌性军舰鸟进行求爱而炫耀、显示自己英俊形象的主要手段。在求偶季节,它们还经常展开双翼,不断地围绕着雌鸟转圈,跳起优美的舞蹈,并且不时地从嘴里发出叫声。雌鸟则相应地不断扇动双翼,显得异常活跃,并十分留意在雄鸟中选择自己的如意"郎君"。一旦遇到合意的配偶,就立即迎上前去,用头去擦对方的头部或身体,表示同意对方的求爱。

装饰求偶场为产于澳大利亚和新几内亚等地的园丁鸟所特有的求偶方式。园丁鸟的雄鸟没有美妙的歌喉,也没有绚丽多彩的羽毛,因此无法用婉转的恋歌和灿烂的婚羽去赢得异性的欢心,但它却具有园丁般的园艺天才和高超的建筑艺术才能,能够设计建造一个美丽的新婚洞房和求偶舞池,以此吸引雌鸟,因而得名"园丁鸟"。在各种园丁鸟中,雄鸟的羽色越缺乏色彩,其凉亭修建得越漂亮,求偶场装饰得越华丽。最常见的,也是最简单的凉亭是由平行排列着的草或小树枝所插成的两堵篱笆墙,其间为一条林阴道,在林阴道的一端是园丁鸟的求偶场。另一种形式的凉亭是以一棵幼树为中心,由小树枝或草棍搭成的茅舍,求偶场位于茅舍的前方。园丁鸟能对其求偶场进行精心的装饰,装饰物更是五花八门,包括各种颜色的鲜花、野果、蘑菇、羽毛、兽骨、贝壳、甲虫、小石块、碎玻璃、眼镜、纽扣、钥匙、钱币、罐头盒、子弹壳等各种耀眼或闪光的东西。

凉亭和经过装饰的求偶场可以起到鸟类第二性征的作用,以弥补其婚装对雌鸟吸引的不足。在繁殖季节,雄鸟不断殷勤地向雌鸟展示它的漂亮的建筑物,并不时地叼起一个个精致的装饰品请雌鸟观赏,直到雌鸟满意为止。

20. 最小的熊——马来熊

马来熊又叫太阳熊,是世界上最小的熊类。它体态伶俐、矫捷,坐着的时候就像一只肥胖的小狗,非常可爱。它的体长只有 110～140 厘米,肩高 60～70 厘米,体重为 40～45 千克。它全身的毛色乌黑光滑,只有吻鼻部为棕黄色,眼圈为褐灰色,胸部有马蹄形的白色胸斑。

马来熊在国外见于中南半岛、缅甸、泰国、马来西亚和印度尼西亚的苏门答腊、加里曼丹等地,我国仅分布于云南的金平、绿春和南部边境一带。

马来熊栖息在热带和亚热带雨林、季雨林或山地阔叶林中,主要在树上生活,所以前后肢的跖部都没有毛,脚垫粗厚宽大,趾突的基部彼此之间还连有短蹼,脚上的爪向内侧偏转,这些都是它对于攀爬树干生活的适应。它筑的巢穴离地面有 7 米多高,白天在巢穴中睡觉,夜里出来活动。食物主要是树上的果实、嫩芽和昆虫、小鸟、鸟卵等,也非常喜欢吃蜂蜜,发现蜂巢后用两只前脚轮流伸到蜂巢中,然后舔食。雌兽通常一次产 2 仔,但并不产于树上,而是在森林中大树下的草丛中生产。因为体毛短,所以比较怕冷,也从不冬眠,这些特点的形成都是因为它生活在热带地区的结果。马来熊在我国极为罕见,就连各博物馆、科研机构所收藏的标本也屈指可数。

21. 我国最稀少的鹿——豚鹿

豚鹿也叫芦蒿鹿,体形中等,但较为粗壮,四肢较短,显得矮胖,尤其是行走时不像其他鹿类那样昂首蹿跳,而是将头部低垂,姿态像猪,因而得名。它体长 100～115 厘米,肩高 60～70 厘米,体重 35～50 千克。仅雄兽具有三杈形的角,但较细而短小,除眉叉外,主干的远端还分出一个短的第二叉。体毛为淡褐色,腹部为灰色,夏季背部两侧各具有纵行的白色斑点,体侧也有不规则的斑点。豚鹿在国外产于印度、缅甸、泰国、尼泊尔、巴基斯坦、孟加拉国和中南半岛等地,共分化为 2 个亚种。我国仅有印支亚种,发现于 1959～1960 年间,分布于云南西部靠近中缅边境的耿马、西盟两县的南丁河沿岸。

豚鹿栖息于热带地区沿河两岸的芦苇沼泽地中。平时隐藏在较深的蒿草密丛之中,傍晚出来觅食。喜欢低头行动,跑得不快,但善于穿越草丛。主要吃马鹿草、芦苇和其他水生植物的嫩枝、嫩叶和落地的花、果,还喜欢刨食植物的根。一般单独活动,偶尔两三只在一起,但从不结成大群。

豚鹿全年都可以繁殖,但大多在秋冬季节。雌兽的怀孕期为 220～235 天,4～5 月间产仔,每胎产 1 仔,偶尔为 2 仔。

豚鹿在我国的野外数量十分稀少,20 世纪 60 年代时估计仅有 20 只。现在由于环境破坏,已经很难发现了。但它也可能主要栖息在毗邻的缅甸一侧,如果加强保护工作,暂时消失的豚鹿还会再进入我国境内。

豚鹿在分类学上隶属于哺乳纲,偶蹄目,鹿科,鹿属。鹿科全世界大约共有 17 属、42 种,是偶蹄目中较大的一个类群,分布于除非洲和澳大利亚外的世界各地。体形大、中、小均有,最小的麂类体重仅有 10 千克左右,最大的驼鹿体重可达 400 多千克。它们的共同特点是:具有完整的眶后条;有眶下腺,能分泌具有特殊香味的液体,涂抹在树干上以标记领地;蹄间、后足等处有臭腺;没有上门齿,有短小的臼齿;胃具 4 室,反刍;没有胆囊;毛较短;前后肢各有 2 根中掌骨和中跗骨愈合,形成炮骨;足具 4 趾,第二和第五趾退化或仅有残迹;蹄发育良好,没有脚垫,直接触地;角的差别很大,有的没有角,有的只有雄兽有角,有的雄兽和雌兽均有角,通常每年脱落 1 次。角的形状和分叉的数目也常常大不相同,所以常以此作为区分种类的一个主要依据。

我国的鹿类都是具有重要经济价值的野生动物,许多名贵的中药材都离不开它们,如梅花鹿、马鹿、水鹿和白唇鹿的角,在未骨化的时候锯下,可以加工成鹿茸,鹿茸中含有生长激素,可以强身健脑、防治神经衰弱、增强人体机能、促进伤口愈合,常在临床应用于治疗各种虚弱、外伤、眼科、妇科等疾病。鹿血、鹿胎、鹿心、鹿骨、鹿尾、鹿鞭、鹿筋和鹿内脏等均是名贵的药材,鹿肉也是食补的内容之一,鹿皮可制皮革。此外,野生鹿类还保留着有价值的基因,对于改良复壮圈养鹿的种群等有着重要的意义。

我国饲养鹿类也有悠久的历史,特别是在东北黑龙江和吉林等地,已由小群饲养逐渐扩大为专业化的养鹿场,人工驯养梅花鹿和马鹿已经取得了丰富的经验,云南在驯养水鹿方面也取得了较大的成功。这样既可以满足我国传统医药的需要,又保护了野生鹿类资源。鹿类分布广泛,山区、丘陵、高原均可放养,是一项前景看好的养殖业。

22. 世界上最危险的蛇——眼镜王蛇

大家对眼镜蛇已经十分熟知。最令人恐怖的莫过于其受惊发怒时的样子，其身体前部会高高立起，颈部变得宽扁，暴露出其特有的眼镜样斑纹，同时口中吞吐着又细又长、前端分叉的舌头。眼镜王蛇同样具有上述眼镜蛇的大多数特点，只是体形更大更长，颈部扩展时较窄而长，且无眼镜蛇的特有斑纹。但它性情更凶猛，反应也极其敏捷，头颈转动灵活，排毒量大，可以说是世界上最危险的蛇类。

眼镜王蛇多栖息于沿海低地到海拔 1800 米的山区，多见于森林边缘近水处，昼行夜伏，在我国主要分布于华南和西南地区。它的主要食物就是与之相近的同类——其他蛇类，所以在眼镜王蛇的领地，很难见到其他种类的蛇，它们要么逃之夭夭，要么成为眼镜王蛇的腹中之物。

可是这种在蛇的王国中所向无敌的、世界最大的前沟牙类毒蛇，一直被人类视为世界上最危险的蛇，却难敌自然之最大、而又最贪婪的敌人——人类。长期以来眼镜王蛇被人类捕捉杀戮，被人类作为餐桌上的美味、工艺品（蛇皮）以及药物（蛇胆和毒液）。凡在野外被人类发现，均遭捕杀，鲜有幸免。其种群数量已急剧下降，野外犹难得一见，处于濒危状况。

23. 最小的蟾蜍——巴西山地蟾蜍

巴西 Tuiuti 大学有关学者经过 5 年的观察和研究，他们发现了一种世界上最小的蟾蜍。这种蟾蜍中，最小的身长仅 8 毫米，最大的身长不超过 18 毫米。由于它们栖息在巴西热带山地雨林区，因此学者们给这种蟾蜍起名为山地蟾蜍。

山地蟾蜍之所以以前一直没有引起人们的特别注意，是因为这种动物实在太小，它们可以蹲坐在人们的一个手指肚上。据专家介绍，山地蟾蜍也有自己的一些独特的生活特点。比如，它们白天活动，没有休眠期。而巴西当地其他种类的蟾蜍大都白天休息，夜间活动。

24. 最聪明的鸟——乌鸦

尽管人类不太喜欢乌鸦,但加拿大一名科学家在一个"鸟类智慧排行榜"中,却将乌鸦列为最聪明的鸟类。他对各种鸟类进行观察、测试后,得出鸟类智力指数。在华盛顿召开的"美科学促进会年会"上,这位加拿大科学家表示,如果按照智力排名,乌鸦可以说是鸟类中的"状元"。

加拿大科学家罗佛夫说,他以新颖、创意等指数,对各种鸟类的行为进行了研究和评估,结果排名第一的是乌鸦,第二是猎鹰,随后依次是老鹰、啄木鸟和苍鹭。

令人意外的是,平时看似灵巧的鹦鹉与鹌鹑、鹩鹋、鸵鸟等却排在后面。评估显示,相对头大身小、能够模仿人类讲话的鹦鹉,却被认为是不聪明的鸟,连前5名都没有进入。

罗佛夫教授说,他看过科学报告后,一些鸟类的表现确实让他感到非常惊讶。例如,在津巴布韦的秃鹰,它们会等候在地雷区的铁丝网附近,待吃草的食草类动物踩上地雷,被炸得粉身碎骨后,这些秃鹰就会冲下来,大吃一顿已经为它们"分割"好了的美味。不过,有时候秃鹰也会失去"理性",自己踩到地雷上。

罗佛夫教授说,他做这个研究的目的不是把鸟类重新分出等级,也不会改变人类对自己喜欢的鸟类的看法。人们还是会继续赞叹一些鸟类漂亮的羽毛和优美的歌喉,而不会去在意鸟类脑袋的大小。

25. 颜色最漂亮的鸟——马卢古太阳鸟

太阳鸟属雀形目,太阳鸟科。太阳鸟原产于非洲、南亚、东印度和澳大利亚,外表和习性都有点像蜂鸟。它们的喙弯曲,是真正的鸣禽。身长9~15厘米,主要食花蜜。太阳鸟食花蜜的时候,喜欢停留在花上吃。

1965年,菲律宾著名的鸟类学家拉博发现了太阳鸟,但没有鉴别出来。直到1993年,美国辛提博物馆再次找到它,才确定下来。这种太阳鸟后来用拉博妻子的名字来命名,叫丽娜太阳鸟。

马卢古太阳鸟属濒危动物。